국내외 OLED 산업분석보고서 2024개정판

저자 비피기술거래 비피제이기술거래

㈜ 비티타임즈

<제목 차례>

01. 서론

1. 서론

이미 지구는 환경오염으로 인한 지구온난화와 에너지 자원의 고갈로 인한 문제점에 노출되고 있다. 이로 인해 1800년대 이후 사용 되어오던 백열등과 형광등에 대한 사용규제가 점점 높아지고 있다. 백열등이 저렴하고 연색성이 뛰어남에도 불구하고 낮은 효율성의 문제를 갖고 있다는 점과 적은 발열과 높은 효율을 갖고 있는 형광등이 납과 수은 등의 환경오염물질을 포함하고 있기 때문이다.

최근 LED(Light Emitting Diode)와 OLED(Organic Light Emitting Diode)가 이러한 문제점을 해결할 수 있는 대안으로 떠오르고 있다. 에너지 절약형 고효율과 친환경적 기능을 지닌 신 광원 개발에 세계 각국의 다양한 연구가 진행된 결과 LED(Light Emitting Diode)와 OLED(Organic Light Emitting Diode) 같은 '고체조명'(Solid-State Lighting)이 각광을 받고 있는 것이다. 또한 생활조명에서 '감성조명'으로, 기술조명에서 '웰빙조명'으로 트렌드가 변화하면서 LED 또는 OLED 조명의 수요는 계속해서 증가하고 있다.

시장현황을 살펴보면 삼성디스플레이, LG디스플레이 등의 공급업자들은 유기발광다이오드(OLED) 분야 신성장 동력으로 자동차와 가상·증강현실(VR·AR) 육성에 속도를 내기 시작했고, 애플은 아이폰 10주년 스마트폰인 '아이폰X'에 삼성 OLED를 채용하기로 했다. 세계 디스플레이 시장은 그동안 우리나라가 글로벌 선두국가로서 위치를 차지하고 있었으나 최근 중국이 대규모 투자를 통해 생산량을 확대하면서 시장 내 경쟁 구도가 크게 변모하고 있다. 특히, 최근 중국업체들이 부가가치가 높은 플렉시블 OLED 패널까지 생산하기 시작하면서 향후 OLED 패널 시장내 경쟁이 더욱 치열해질 전망이다

OLED 조명산업은 기존 조명에 IT기술과 디스플레이 기술이 융합되어 새로운 시장을 창출할 수 있는 차세대 융합 기술이다. 본 고에서는 OLED 패널 시장의 변화 추세와 향후 전망에 대해 살펴보고 주요 제조사별로 기술현황을 살펴보고자 한다.

02. OLED 개요

2. OLED 개요

가. OLED란?

OLED[1]는 Organic Light Emitting Diode의 약어로 양극과 음극 사이에 유기물을 증착 또는 용액 공정을 통해 필름을 형성, 적층하여 만들어진 다이오드형태의 소자이다. 또한 전극을 통해 전류가 흐르면 빛을 내는 전계 발광현상을 이용하여, 스스로 빛을 내는 **자체발광형 유기물질**이다.

이는 유기물 내로 전하를 주입하여 유기 발광 분자를 바닥상태(ground state)에서 들뜬상태(excited state)로 만든 후 다시 바닥상태로 돌아오면서 내놓는 에너지가 빛으로 전환되는 원리를 이용한 것이다. 이때 발광하는 소재의 에너지 크기에 따라 Red, Green, Blue의 영역에 맞는 빛을 발광하도록 소자를 구성한다.

OLED에 대한 본격적인 연구는 1987년부터 시작되었으며, 연구 역사는 오래되지 않았다. 그럼에도 OLED는 우수한 특성과 다면적 백색 발광 형태로 제작이 될 수 있어 디스플레이뿐만 아니라, 차세대 조명으로 각광받고 있다.

OLED에 사용되는 유기물은 빛을 받으면 박막을 통하여 전류가 흐를 수 있어, 조명, 차세대 태양전지, 광센서, 트랜지스터 등으로 응용이 가능하다. 따라서 최근에는 유리나 플라스틱 등 위에 유기물을 도포해서 그것에 전기를 통하게 하면 유기물이 발광하는 OLED를 이용하여 면 조명을 비롯한 Flexible 디스플레이, 투명디스플레이 등에 활용하는 연구도 활발하게 진행되고 있다.

OLED는 유기 박막에서 빛이 생성되어 방출되기 때문에 소자 자체가 발광체가 되는 **자발광**(self-emissive)소자로서, 전기적인 신호가 빛으로 변환되는 시간이 짧고 발생된 빛은 방향성이 없고 균일하게 퍼져 나간다.

OLED를 이용하면 백라이트가 필요 없고, **시야각이 우수**하며, 동영상 구현에 적합한 이상적인 형태의 디스플레이 제작이 가능하다. 전체 두께가 얇아 LCD나 PDP보다 얇은 디스플레이의 제작이 가능한 장점이 있으며, 얇은 면광원의 형태로 제작이 가능하여 최근 고체 조명용 광원으로 관심이 집중 되고 있다. 다음은 OLED의 특징을 표

---

1) OLED의 현황과 전망, Polymer Science and Technology Vol. 24, No. 2/조남성

로 정리한 것이다.

특징	설명
자체 발광형	소자자체가 스스로 빛을 내는 것으로 어두운 곳이나 외부의 빛이 들어 올 때도 시인성이 좋다
넓은 시각형	화면을 보는 가능한 범위로써 LCD와는 달리 바로 옆에서 보아도 화질이 변하지 않는다
빠른 응답속도	동화상의 재생 시 응답속도의 높고 낮음이 재생화상의 품질을 좌우하는데 OLED는 LCD보다 우수한 동화상 재생이 가능하다. 응답속도의 약 1,000배이다
간단하고 저렴한 제조공정	LCD는 약 62과정의 제조공정을 거치는데 OLED는 약 55과정의 제조공정을 거친다
초박형, 낮은 전력	백라이트가 필요 없이, LCD의 ½배의 소비전력을 갖고, LCD 두께의 ⅓배가 가능하다

표 1 OLED 특징

OLED의 분류에 대해서 간략히 설명하면, 먼저 분자량에 따라 분자량이 작은 유기물질로 OLED가 구성될 경우 이를 **저분자 OLED**라 하며, 분자량이 큰 유기물인 고분자로 OLED가 구성될 경우 **고분자 OLED**라 한다. 대부분의 OLED는 저분자만을 사용하거나 고분자만을 사용하는데, 필요에 따라 저분자와 고분자를 모두 사용하여 OLED를 제작하는 경우가 있다.

OLED는 발광 방식에 따라 형광 OLED와 인광 OLED로 구분된다. OLED에 전압을 인가하면 전자와 정공이 발광 물질에서 재결합하여 여기자(exciton)라고 하는 에너지 상태가 형성되어 이로부터 빛이 발생되는데, 여기자는 단일항(singlet)과 삼중항(triplet)의 두 가지 상태로 형성될 수 있다. 단일항 여기자에 의해 빛이 발생할 경우를 **형광(fluorescence)OLED**라고 하며, 삼중항 여기자에 의해 빛이 발생할 경우 이를 **인광(phosphorescence)OLED**라고 한다.

OLED는 구동 방식에 따라 **수동구동 OLED**(PM-OLED, Passive Matrix OLED)와 **능동구동 OLED**(AM-OLED, Active Matrix OLED)로 구분된다. PM-OLED는 버스선

이 교차되는 부분이 OLED 화소가 되는 방식을 말하며, AM-OLED는 버스선이 교차되는 부분에 TFT(Thin Film Transistor)가 놓여 있어, TFT에 의해 OLED소자의 구동이 조절되는 방식을 말한다.

OLED는 빛이 방출되는 방향에 따라 배면발광(Bottom Emission), 전면발광(Top Emission), 양면발광(Double Side Emission)방식으로 구분된다. **배면발광** OLED는 투명한 기판 쪽으로 빛이 나오게 되는 경우를 말하며, **전면발광** OLED는 기판의 반대방향 쪽으로 빛이 나오게 되는 경우를 말한다. **양면발광** OLED는 기판의 양쪽 방향으로 빛이 나오게 되는 경우를 말한다.

나. OLED 구조

OLED 구조는 기본적으로 음극, 양극의 전극과 유기물 그리고 기판으로 되어 있다. 전극에 전기를 가하면 양극에서 발생된 정공과 음극에서 발생된 전자가 유기물 층에서 재결합되며 이 때 생긴 에너지 갭에 해당하는 빛이 발생하게 된다.

에너지가 빛으로 바뀌는 현상은 화학시간에 배운 에너지 보존의 법칙에 의해 설명될 수 있을 것이다. 받은 만큼 돌려주는 철저한 자연현상이라고 할 수 있다.

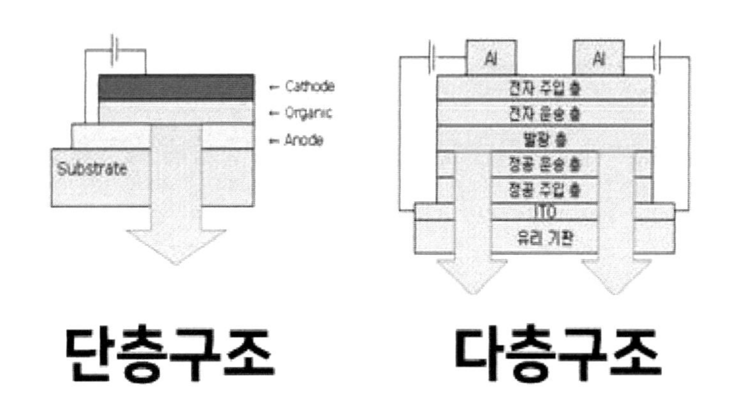

그림 1 OLED 단층구조와 다층구조

유기물 층은 재료에 따라 저분자형과 고분자형으로 나뉘며 두께는 일반적으로 100mm정도이다. 유기 EL의 적층 구조는 크게 단층(single-layer)과 다층(multi-layer)으로 나눌 수 있는데 한 개의 유기층이 존재한다고 하여 **단층 구조**라 하고, **다층 구조**의 유기물 층을 세부적으로 보면 정공 관련 층과 전자 관련 층 그리고 발광층의 구조를 가지며 정공 관련층은 정공 주입층과 정공 운송층으로 나뉠 수 있다. 전자 관련 층 역시 주입층과 운송층으로 나뉜 구조를 말한다. 이는 전하의 주입을 더욱 활성화시키기 위하여 가장 적절한 구조이다.

다. OLED 동작원리

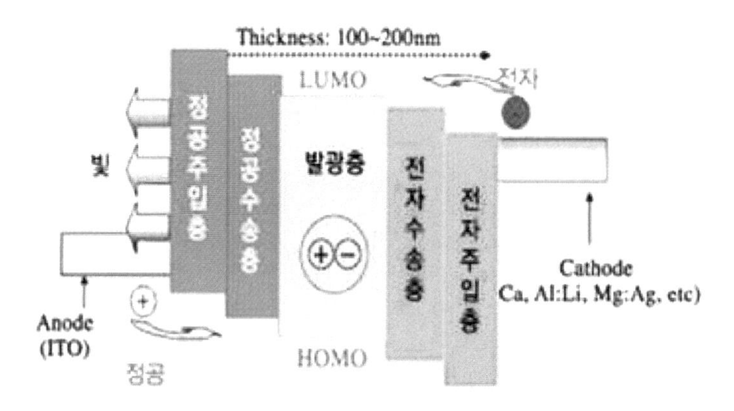

그림 2 OLED 동작원리

OLED의 동작원리를 살펴보면, 먼저 전원이 공급되면 유기물인 단분자/저분자/고분자 박막에 음극에서 전자(-)가 전자 수송층(ETL: Electron Transport Layer)의 도움으로 유기 물질인 발광층(emitting layer)으로 이동하고, 반대편 양극에서는 정공이 정공 수송층(HTL: Hole Transport Layer)의 도움으로 발광층으로 이동하게 된다. 이 때 발광층에서 만난 전자와 정공이 재결합하면서 여기자(exciton)를 형성한 후 여기자가 낮은 에너지 상태로 떨어지면서 에너지가 방출, 특정한 파장의 빛이 발생하는 원리이다.

여기서 발광층을 구성하고 있는 유기물질이 어떤 것이냐에 따라 빛의 색깔이 달라지며 R(Red), G(Green), B(Blue)를 내는 각각의 유기물질을 이용하여 총천연색을 만들어낼 수 있다.

OLED는 저분자 또는 고분자 유기박막으로 이뤄진 기능층(발광층)에 음극과 양극을 통해 주입된 전자와 정공이 발광 유기층에서 재결합에 의해 생성된 여기자가 바닥상태로 되돌아갈 때 에너지 갭에 해당되는 특정 파장의 빛을 발광하는 현상을 이용한 것이다.

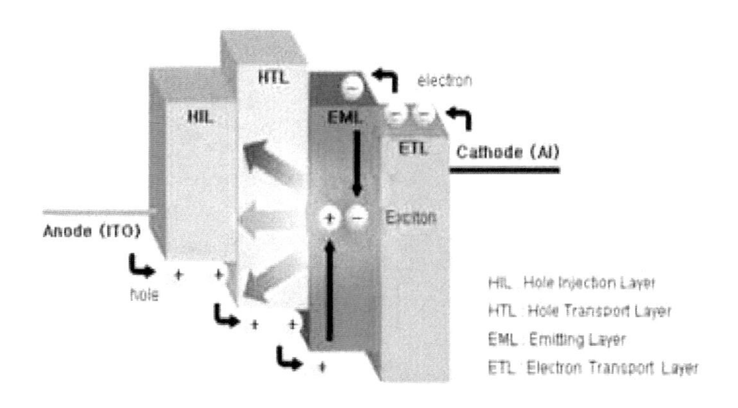

그림 3 OLED 발광원리

전원이 공급되면 전자가 이동하면서 전류가 흐르게 되는데 음극에서는 전자(-)가 전자 수송층의 도움으로 발광층으로 이동하고, 마찬가지로 양극에서는 홀이 홀 수송층의 도움으로 발광층으로 이동한다. 유기 물질인 발광층에서 만난 전자와 홀은 높은 에너지를 갖는 여기자를 생성하게 되는데, 이 때 여기자가 낮은 에너지로 떨어지면서 빛을 발생하게 된다.

양극에서는 정공이 주입되며, 음극에서는 전자가 주입된다. 주입된 전자와 정공은 발광층인 유기물 층에서 재결합되어 여기자(exicton)가 생성되고, 여기자는 확산하며 빛이 생성되며 에너지 준위가 낮은 상태가 된다. 생성된 빛은 투명한 전극 및 기판 쪽으로 방출된다.

즉, OLED 전극에 전압을 가하면 Anode에서는 Hole이 주입, 운송되고 Cathode에서는 Electron이 주입, 운송되어 발광층(EML) 내에서 재결합하게 되며 이때 생성된 Exciton이 기저상태로 전이하면서 빛을 내게 되는 것이다.

라. OLED의 장단점

1) 장점

가) 면광원

OLED는 유리기판과 같이 넓은 면적의 평판 기판을 이용하여 제작이 가능하여 면광원의 구현이 가능하다. 신개념의 광원으로 평면의 형태로 제작이 가능하여 다양한 형태의 타일 조명을 구현할 수 있다. 조명 이외에도 백라이트와 같은 IT기기에도 응용이 가능하다.

나) 유연조명

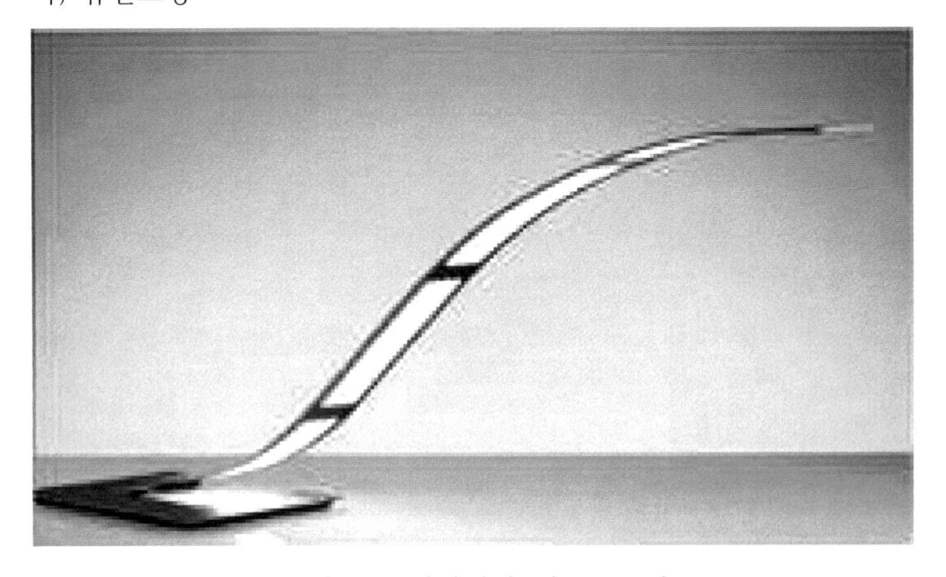

그림 4 곡선형태의 데스크조명

OLED의 유연조명으로 제작하는데 있어, 핵심재료는 유기박막이다. 유기박막은 휘거나 구부려도 특성을 유지할 수 있는 장점이 있어, 유연한 OLED조명의 제조가 가능하다. 유연한 OLED 조명은 백열등 혹은 형광등으로는 구현할 수 없는 OLED조명만의 특징이다.[2)]

2) SACA 출처

다) 고연색지수[3]

연색성은 다양한 요소에 의해 결정되지만 광원의 발광 스펙트럼이 연색성을 결정하는데 있어서 중요한 요소이며 백색 OLED의 발광 스펙트럼을 변화시킬 수 있는 다양한 방법이 제안되고 있고, 다양한 발광 재료가 개발되고 있어 OLED를 이용하면 형광등과 같은 광원에 비해 연색지수가 높은 광원의 구현이 가능하다.

라) 다양한 색온도

백색의 색온도 범위는 2800~6500K이다. 그러나 나라마다 다소 선호하는 색온도가 다르기도 하다. 색온도는 발광 스펙트럼을 조절하여 변화시킬 수 있어 큰 장점을 지닌다. OLED에서 백색을 구현하기 위해 다양한 방법이 있으나, 발광 재료의 종류 혹은 혼합 비율을 변화시켜 발광 스펙트럼을 변화시킴에 의해 다양한 색온도의 구현이 가능하다.

마) 고효율

조명으로 사용되는 백색 OLED는 2000년 초반까지 전력효율이 낮았지만, 이후 효율이 우수한 인광재료가 개발되며 전력효율이 급격히 향상되기 시작하였다. 최근에는 100lm/W이상의 백색 OLED가 발표되고 있어서 형광등의 효율을 능가하고 있는 추세이다.[4]

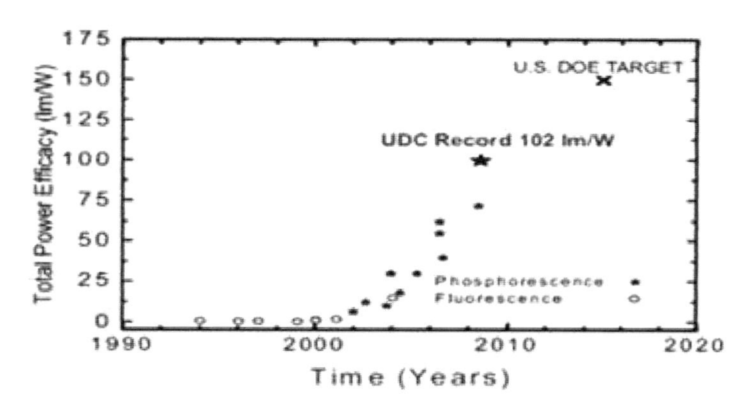

그림 5 연도에 따른 백색 OLED전력 효율 향상

---

3) 연색 : 광원이 물체에 빛을 비출 때 대상 물체가 얼마나 원래의 색을 잘 표현하는가를 의미한다.
4) OLED 조명 기술 현황 및 전망/순천향대학교,문대규

바) 다양한 모양

OLED는 유리나 플라스틱 기판 상에 면 조명형태로 제작이 가능하지만, 점광원 또는 선광원의 형태로도 제작이 가능하다. OLED광원 설계 및 디자인이 허용하는 모양이 있는 형태처럼 다양한 모양으로 광원 제작이 가능하다.

사) 넓은 휘도 범위

OLED는 전류에 의해 휘도가 조절된다. 전류를 조절함에 의해 조절할 수 있는 휘도 범위는 백색 OLED의 효율 및 소자의 전류 구동 능력에 의해 좌우되지만, 전류를 작게 공급하면 휘도가 낮고 전류를 많이 공급하면 휘도가 높아진다. 대략 1~100,000cd/m2의 휘도까지 조절 가능하다.

아) 광 수명

예전에는 50%감쇄 수명(LT50)이 약 100시간이었으나, 조명으로 가장 일반적으로 사용되는 백색 OLED의 수명이 급격히 향상되어 최근에는 6,000~10,000시간 이상의 백색 OLED가 발표되었다. 또한 50,000시간이상의 OLED가 발표된 바 있다. 백색 OLED의 수명은 더욱 향상될 것으로 예상되며, 향후 수만 시간의 백색 OLED가 발표될 것으로 보인다.

자) 초박형

OLED는 유리나 플라스틱기판과 같은 평판 혹은 유연 기판 상에서 제작이 가능하다. 면광원의 형태로 제작이 가능하기 때문에 면광원을 위한 별도의 부품이 필요하지 않아 아주 얇은 형태로 제작이 가능하다. 기판의 두께에 따라 OLED의 두께가 결정된다.

차) 색 가변 조명

OLED 조명의 가장 큰 특징 중의 하나는 OLED 조명은 하나의 광원을 이용하여 구동조건에 따라 색을 변화시킬 수 있는 색 가변 면 조명의 제작이 가능하다는 것이다. 백색을 기본으로 다양한 종류의 색이 하나의 면 조명 광원에서 실현될 수 있도록 하는 다양한 기술이 개발되고 있어 조명을 감성화하고 응용분야에서 다양하게 쓰이고 있다.

카) 투명 조명

OLED는 색 가변이 가능하다는 점에서 가장 큰 특징을 지니고 있지만, 투명한 형태로 제작이 가능하다. OLED를 구성하고 있는 유기물은 가시광선영역에서 투명하기 때문에 전극 및 봉지를 투명하게 하여 제작한다. 가시광선영역에서 투명하며 전기전도도가 우수한 ITO가 양극으로 주로 사용되기 때문에 투명한 음극을 사용하면 OLED소자는 투명하게 된다.

2) 단점

가) 높은 가격

낮은 수명과 생산수율로 현재 판매되고 있는 OLED는 수명이 2만 5,000시간 정도로 비교적 짧고, 생산수율이 떨어져 LCD에 비해 두 배 이상 비싸다. 기술적인 문제로 인해 LTPS 방식의 AMOLED 소자만이 양산이 용이하므로 이에 따른 장비의 가격 상승으로 일반 LCD-TFT 패널보다 가격이 비싸다.

나) 화면 대형화의 어려움

OLED는 기술적인 문제로 인해 대형화가 쉽지 않다. OLED가 차세대 디스플레이 시장의 주인이 되려면 TV용 대형 제품들을 양산해 낼 수 있어야 하는데 현재 LG에서 내놓은 OLED TV에 불과하다. 또한 아직 일반인들의 사정권에 들어오는 가격은 아니다. 화면이 커질수록 화질 불 균일, 재료의 열화로 인한 수명단축, 기판 비용 증가 등의 문제가 급속히 증대하는데, 대형화에 따른 단가 상승 문제를 해결할 생산기술이 뒷받침되어야 한다.

다) 전력소모

검은 색상에서 전력소모가 LCD 보다 엄청나게 적은 것은 사실이며, 덕분에 사진을 볼 때는 전체적으로 LCD 의 60~80% 정도의 전력소모를 보인다. 그러나 흰색에서는

150% 내외의 전력 소모를 보인다. 흰색은 RGB 모두 최대 발광 상태이기 때문이고 여타의 다른 색상은 밝은 화면에서도 AMOLED가 전력 소비가 더 적다.

오늘날 대부분 웹페이지 및 에디터, 이북 등은 흰색바탕에 검은 글씨가 종이에 글을 읽고 쓰는 것과 비슷한 느낌을 준다 하여 바탕화면을 흰색으로 사용한다. 어두운 바탕화면보다 밝은 바탕화면을 선호하는 사람은 피해갈 길이 없다. 그러나 이는 갤럭시 S5가 출시되며 LCD와 동등한 밝기, 흰 화면에서의 전력소모를 보여주어 거의 해결된 문제이며, AMOLED를 주력으로 밀고 있는 삼성 스마트폰도 기존의 흑색UI에서 백색UI의 사용을 늘려나가면서 백색에서의 전력 과소모를 거의 해결한 듯한 모습을 보이고 있다.

여러 상황을 종합하면 LCD보다는 OLED가 전력 소모가 적다. 하지만 TV등 대형패널 쪽에서는 엣지형 백라이트를 사용한 LCD보다는 전력소모가 높고, 비디오 등 항상 밝은 화면을 틀어놓는 디스플레이에서는 LCD에 비해 뒤쳐질 수밖에 없다.

라) 낮은 수율

LCD와 비교 시 80% 정도로 수율이 낮고, OLED가 생산 단가가 비싼지라 최소 주문 수량이 정해져 있으며, 그 양은 수 십만 대 이상이라고 한다.

마) 불안정한 수급

이것은 위의 수율문제와 밀접한 연관이 있는데, 수율이 낮으므로 공장 생산량이 수요를 따라가지 못해 수급 자체가 불안정한 현상이다. 넥서스 원은 수율문제로 판매도주에 LCD로 교체하기도 했으며, 자사 제품인 갤럭시탭조차 수급문제로 TFT-LCD를 달고 출시하기도 했다. 삼성 발표에 따르면 공장을 증산하고 있다고는 하지만, 아직 해결해야 할 문제들이 많다.

다음은 앞서 설명한 OLED의 장단점을 표로 정리한 것이다.

장점	단점
•면광원 구현 가능 •유연조명 •연색지수가 높음 •다양한 색온도 •고효율 •다양한 모양 구현 가능 •넓은 휘도 범위 •높은 광 수명 •초박형 •색 가변 조명 •투명 조명	•높은 가격 •화면 대형화의 어려움 •전력소모 높음 •낮은 수율 •불안정한 수급

표 2 OLED의 장단점

마. OLED 종류

1) 소재

가) 저분자 OLED

OLED는 구성 유기물의 분자량에 따라 **저분자 및 고분자** OLED로 구분된다. 분자량이 작은 유기물로 OLED가 구성될 경우 **저분자 OLED**라 하며, 단분자 OLED라고도 불린다.

대표적인 저분자 물질로 발광 재료와 전자수송재료로 사용되는 Alq3및 정공수송재료인 NPB가 있으며, 수십~수백 가지의 유기물이 개발되어지고 있다.

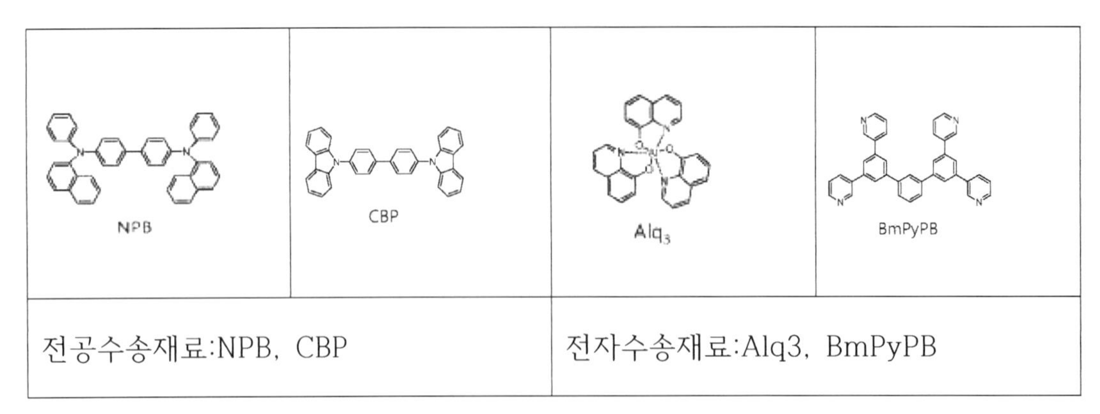

전공수송재료:NPB, CBP	전자수송재료:Alq3, BmPyPB

표 3 대표적인 저분자 물질

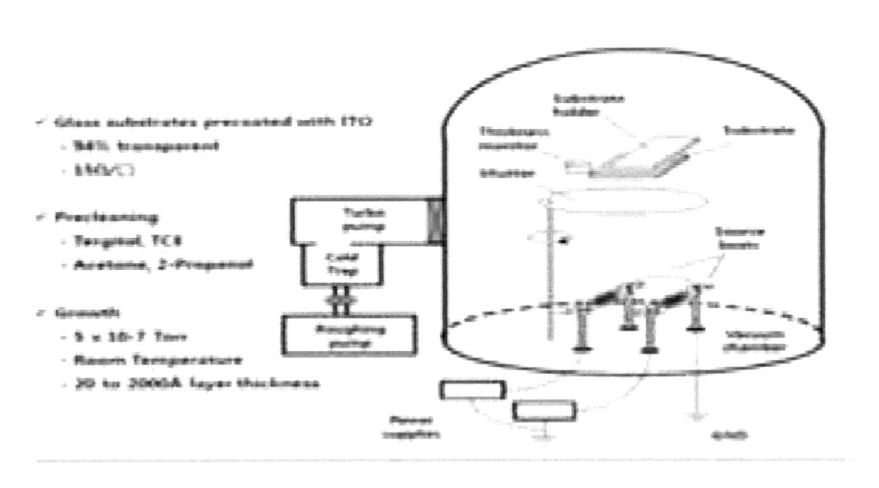

그림 10 저분자 증착장치

저분자 OLED 소자는 **진공 증착장치**로 비교적 쉽게 제작할 수 있다. 진공 증착장치는 진공 챔버 및 진공을 만들기 위한 진공 펌프로 구성되어 있다. 진공 챔버는 기판을 고정시키기 위한 시편 홀더, 유기박막의 두께를 모니터링하기 위한 센서, 유기물 증착을 시작하거나 끝내기 위한 셔터 및 유기 발광물질, 금속 등 증착하고자 하는 물질을 넣는 보트(boat), 보트를 가열하기 위한 히터로 구성되어 있어서 OLED 소자를 비교적 쉽게 제작할 수 있다.

저분자 OLED 소자는 다음과 같은 **공정과정**을 통해 제작된다. 유기박막이 **정공수송층인NPB와 발광층인Alq3**두층으로 구성되어 있으며, NPB 보트를 가열하여 원하는 두께가 될 때까지 박막을 증착한 후 셔터를 닫아 증착을 완료하고 NPB보트의 가열을 중지한다. 이 후 Alq3가 담겨진 보트를 가열하여 Alq3를 같은 방법으로 증착한다. 일반적으로 NPB, Alq3와 같은 유기물질의 증착속도는 약 0.1nm/sec정도가 되게 한다. 이는 증착 속도가 크면 OLED소자의 특성이 감소하는 경향이 있기 때문이다.

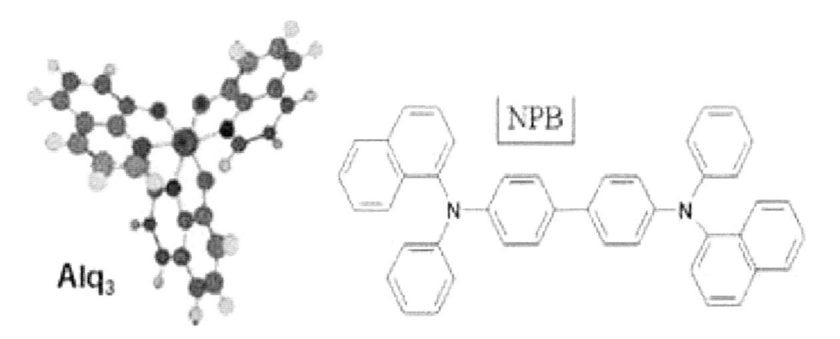

그림 11 NPB, Alq3

유기박막이 다층 박막으로 구성되어 있을 경우 위와 같은 방법을 이용하며, 유기박막을 증착하기 위해서 많은 시간이 소요되므로 효율을 높이기 위해 여러 개의 진공챔버로 구성된 유기 증착기를 이용한다. 유기박막의 증착이 완료되면 같은 음극의 형성을 위한 진공챔버로 기판을 이송, 장착한 후 금속 보트를 가열하여 음극 금속을 증착하게 한다.

음극 재료로는 Mg:Ag와 같은 합금이나 LiF와 Al의 이중층으로 사용한다. 유기물질의 증착속도와는 다르게, 음극의 증착속도는 일반적으로 약 1nm/sec정도가 되도록 한다. 음극의 증착이 완료되면 별도의 챔버 혹은 질소가 채워진 글러브 박스로 기판을 반송한다. 이어서 외부의 수분과 산소를 차단하는 봉지 공정을 수행하면 저분자 OLED소자의 제작을 완료한다.

저분자 OLED는 진공증착 법에 의해 제작되기 때문에 다층의 유기박막 구조로 제작이 가능하여 소자 구조를 최적화함에 의해 발광 재료가 가진 발광효율, 수명, 구동전압 등의 특성을 극대화 할 수 있다. 따라서 저분자 OLED는 기술의 발전 속도가 빠르고 대부분의 OLED 제품 생산에 적용되고 있다.

나) 고분자OLED

분자량이 큰 물질인 고분자로 구성되면 **고분자 OLED**라고하며 PLED라고도 한다. 고분자 재료로 PPV, MEH-PPV와 같은 재료가 있다.

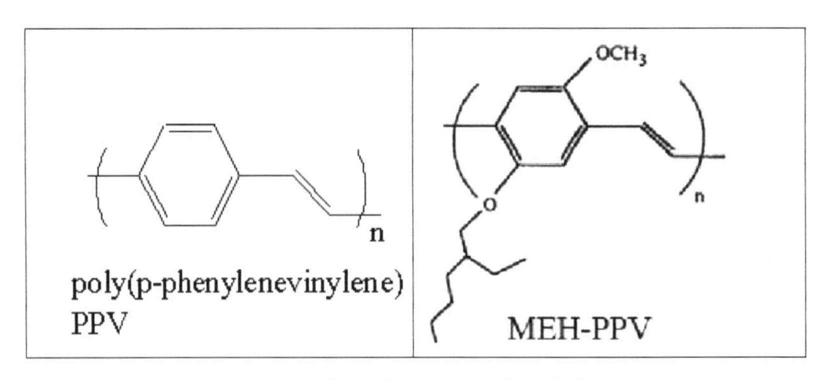

표 4 대표적인 고분자 물질

고분자 재료는 주로 용액으로 사용되기 때문에 스핀코팅, 잉크젯 등의 용액을 이용하는 방법을 주로 사용하여 박막을 형성한다. 고분자 OLED소자는 박막 구조도 단순하며, 쉽게 제작할 수 있는 장점이 갖고 있다. 또한 대형 유리 또는 플라스틱 기판을 이용하여 화면이 큰 디스플레이를 제작 할 수 있는 장점이 있다.

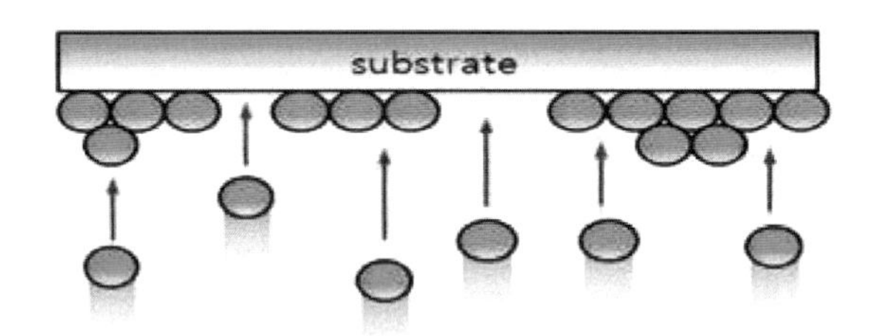

그림 14 고분자 증착원리

하지만 고분자 재료의 경우 재료를 용해시키는 용매가 서로 비슷하기 때문에 스핀코팅에 의해 첫 번째 박막을 형성하고 두 번째 박막을 형성하기 위해 다시 스핀코팅을 진행하면 첫 번째 박막이 용해되어 손상이 된다. 이러한 문제로 스핀코팅으로 컬러 디스플레이를 만들기가 어려운 단점이 있다.

고분자 재료를 이용하여 컬러 디스플레이를 제작할 경우에는 주로 적색, 녹색 및 청색을 별도로 형성시킬 수 있는 잉크젯 프린팅 방식이 주로 이용되고 있다. 또한 다수의 기능성 박막을 이용하여 OLED의 구성이 어려운 단점을 갖고 있다. 고분자 OLED의 효율 및 수명이 저분자 OLED에 비해 좋지 않기 때문에, 아직 컬러 디스플레이로 상용화되지는 않았으나, 다면적으로 제조하기가 쉬워 발전 가능성이 높은 것으로 알려져 있다. 다음은 저분자OLED와 고분자OLED의 특징을 표로 정리한 것이다.

구분	저 분 자 OLED	고 분 자 OLED
장 점	증착방식에 의한 전자동 생산방식 확립. 유기 재료 정제가 용이함. 핵심 재료 개발이 용이함. 고분자 OLED에 비해 개발수준 높음. 소형패널의 양산공정이 구축, 초기시장주도	공정이 단순하며, 고진공증착장비등의 초기투자 비용이 낮음. 재료 사용 효율이 매우 높아 공정 비용이 저분자에 비해 저렴함. 내열성이 뛰어남. 기계적 강도 우수하며, 구조 단순함.
단 점	재료 사용효율이 낮음. 대화면 적용을 위해서는 장비개발이 필요함. 고진공 장비 등, 초기 투자비용이 큼.	저분자 OLED보다 R&D 지연으로 고성능 재료의 개발이 시급함. 적층 구조등 복잡한 구조의 구현이 어려움. 재료 정제의 어려움으로 인한 신뢰성확보가 미흡함.
공 정 방 식	고진공 물리기상증착 방식 패터닝 : fine shadow mask (독립증착)	잉크젯프린팅 방법 스핀 캐스팅
관 련 업 체	코닥, UDC, Idemitsu-Kosan, Toyo Ink, Pioneer, Sony, Sanyo, Tdk, Toshiba, 도레이, Mitsubishi, Chemical, LG전자, 삼성SDI, 오리온 전기 등	CDT, DOW Chemical, Covion, Philips, Toshiba, Seiko-Epson

표 5 저분자OLED와 고분자OLED

2) 발광방식

OLED는 발광방식에 따라 **형광 및 인광**으로 구분된다.

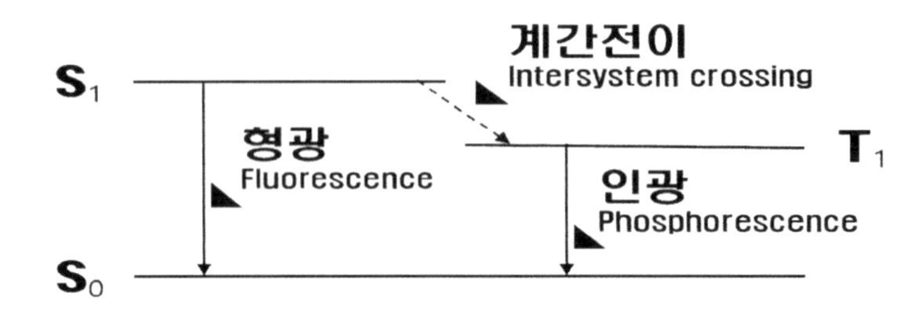

그림 15 형광과 인광의 에너지 준위에 따른 구분

가) 형광OLED

양극과 음극에서 주입된 전자와 정공이 발광층에서 재결합됨에 의해 일중항 여기자 및 삼중항 여기자가 생성되며 일중항 여기자에 의해 발광이 일어날 경우를 형광발광이라 하며, 이러한 형광발광 재료를 이용하여 제작된 OLED를 **형광OLED**라 한다.

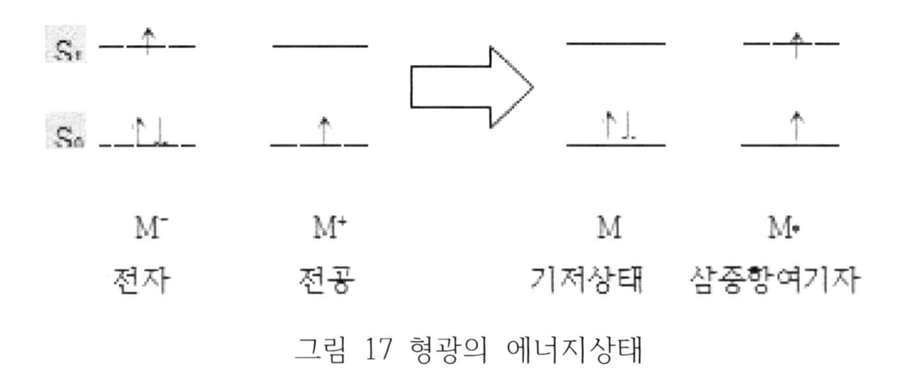

그림 17 형광의 에너지상태

위의 그림을 보면 전자와 정공의 재결합에 의해 형성된 일중항 여기자를 나타낸다. **전자**는 분자의 에너지 상태 S_1에 하나의 전자가 있는 경우를 말하며, **정공**은 에너지 상태 S_0에 전자가 하나 비어 있는 경우를 말한다.

전자와 정공이 만나면 기저상태 및 여기자가 생성될 수 있으며, 전자의 방향이 그림에서와 같이 놓여 있을 경우를 **일중항 여기자**라고 한다.

일중항 여기자에서 S_1에너지 상태에 놓인 전자는 에너지 상태 S_0로 쉽게 에너지 상태가 변하는 과정에서 여분의 에너지가 빛으로 전환되며 이를 형광발광이라 한다.

형광발광은 에너지 전이(transition)가 쉽게 일어나기 때문에, 수 나노초 이하로 매우 짧다. 앞에서 기술한 것처럼 전자와 정공의 재결합에 의해 25%의 일중항 여기자가 생성되므로 형광 OLED의 최대 내부양자 효율은 25%가 되며, 빛의 추출 효율은 약 20%이므로 외부양자 효율은 최대 5%가 된다.

전자와 정공의 재결합에 의해 형성된 일중항 여기자와 삼중항 여기자는 상대적인 에너지 준위를 나타낸다. 일중항 여기자는 삼중항 여기자보다 높은 에너지 상태에 놓여 있기 때문에, 일중항 여기 에너지 상태로부터 삼중항 여기 에너지 상태로 에너지 전달이 일어날 수 있다. 이를 **계간전이** (intersystem-crossing)라 한다.

대표적인 형광 발광 재료로는 저분자의 경우 Alq3(녹색),고분자의 경우 PPV (녹색), MEH-PPV(주황색)등이 있으며, DCJTB(적색), Quinacridone(녹색)과 같은 재료가 있다.

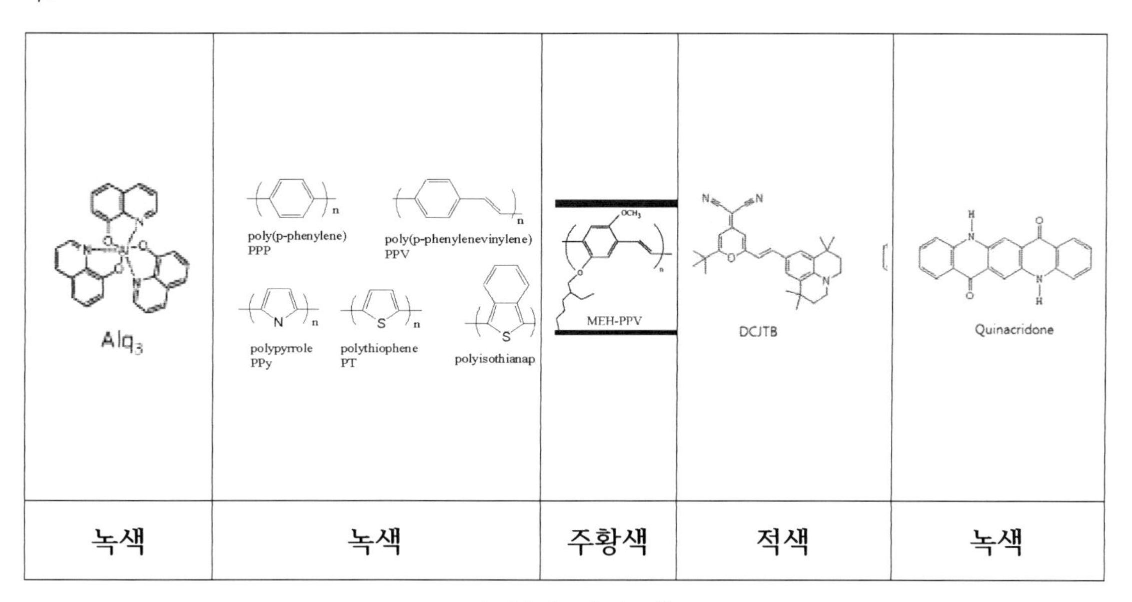

녹색	녹색	주황색	적색	녹색

표 6 형광 발광 재료

DCJTB, Quinacridone과 같은 형광재료는 형광특성이 아주 강하지만, 단독으로 발광층 재료로 사용하면 발광효율이 좋지 않아, Alq3와 같은 재료에 미량을 첨가하는 도판트로 사용된다.

예를 들어, 적색 도핑재료인 DCJTB를 Alq3에 미량으로 도핑하면, Alq3에서 발광이 일어나는 대신 DCJTB에서 주로 발광이 일어나며 발광색은 적색이 된다. 따라서 이러한 방식에 의해 OLED의 색을 쉽게 조절할 수 있으며, 형광특성이 아주 좋은 발광 재료를 사용함에 의해 발광효율을 높일 수 있다. 저분자를 이용한 형광 OLED는 수명이 상대적으로 길고, 제조공정이 잘 정립되어있다. 따라서 제일 먼저 디스플레이의 제작에 이용되었다. 하지만 최대 효율이 인광OLED에 비해 낮으므로 형광OLED의 중요도는 점점 낮아지고 있다.

나) 인광 OLED

정공 및 전자의 재결합에 의해 생성된 삼중항 여기자에 의해 빛이 생성될 경우 이를 인광발광이라 하며, 인광발광 재료를 발광층으로 이용하여 제작된 OLED를 **인광 OLED**라고 한다. 인광 OLED는 1990년 미국의 프린스턴 대학에서 개발된 이후로 연구개발 비중이 점차로 높아지고 있다.

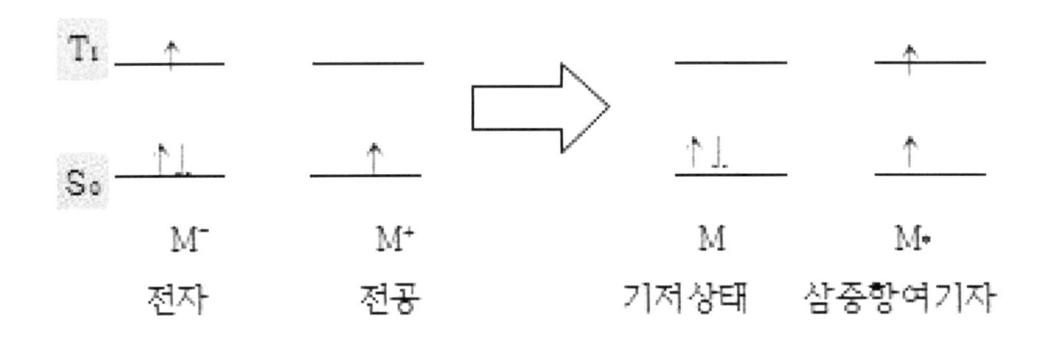

그림 23 인광의 에너지상태

에너지 T_1에 있는 전자의 스핀(화살표)방향과 에너지 S_0에 있는 정공의 스핀방향이 같을 경우엔 전자와 정공의 재결합에 의해 형성되는 전자의 스핀방향이 서로 같게 되며 이를 삼중항 여기자라 한다. 전자와 정공의 재결합에 의해 75%의 삼중항 여기자가 생성된다.

삼중항 여기자는 전자의 스핀방향이 서로 같기 때문에 여기자 내에서 T_1상태에 있는 전자는 S_0의 에너지 상태로 전이가 쉽게 일어나지 않는다. 따라서 대부분의 발광재료의 경우 상온에서 빛으로 방출되지 못하고 열로 방출되지만, 원자번호가 큰 금속으로 구성된 유기재료에서 삼중항 여기자에 의해 빛이 방출되는 인광현상이 상온에서 관찰된다.

또한 앞에서 기술한 것처럼 계간교차에 의해 일중항 여기자로부터 삼중항 여기상태로 에너지가 전달이 가능하며, 따라서 인광 OLED는 재결합된 여기자를 모두 빛으로 전환시킬 수 있어서 이론적으로 얻을 수 있는 최대 내부양자효율은 100%, 최대 외부양자효율은 20%가 되어, 형광 OLED에 비해 4배 높은 효율을 얻을 수 있다.

인광 OLED용 발광 재료로는 원자번호가 큰 금속과 유기물과 결합된 금속착화합물이 주로 이용되고 있으며, 대표적인 재료로는 Ir(ppy)3,FIrpic등이 있다.

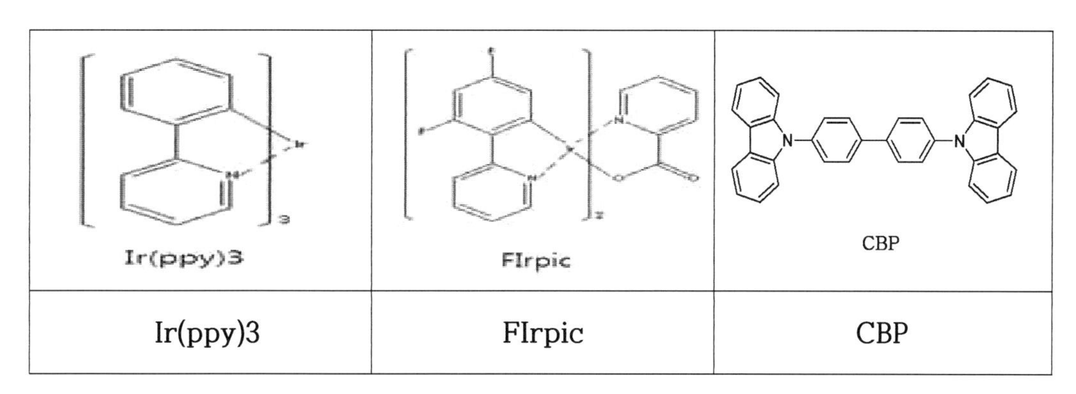

Ir(ppy)3	FIrpic	CBP

표 7 인광 발광재료

Ir(ppy)3,FIrpic등의 인광 발광 재료는 주로 호스트 재료에 도핑 하여 사용되고 있다. 호스트 재료로는 CBP와 같은 재료가 주로 이용되고 있다. 발광효율을 증가시키기 위해 발광층과 전자 수송층 사이에 BCP와 같은 재료(Hole Blocking Layer)를 삽입하는 구조가 주로 사용되고 있다.

인광 OLED는 발광효율이 높기 때문에 다면적 디스플레이의 제작에 유리하며, 소비전력이 작은 디스플레이를 제작할 수 있는 장점이 있다.

3) 구동방식

PM-OLED 및 AM-OLED는 OLED를 이용한 디스플레이를 나타내는 용어이다.

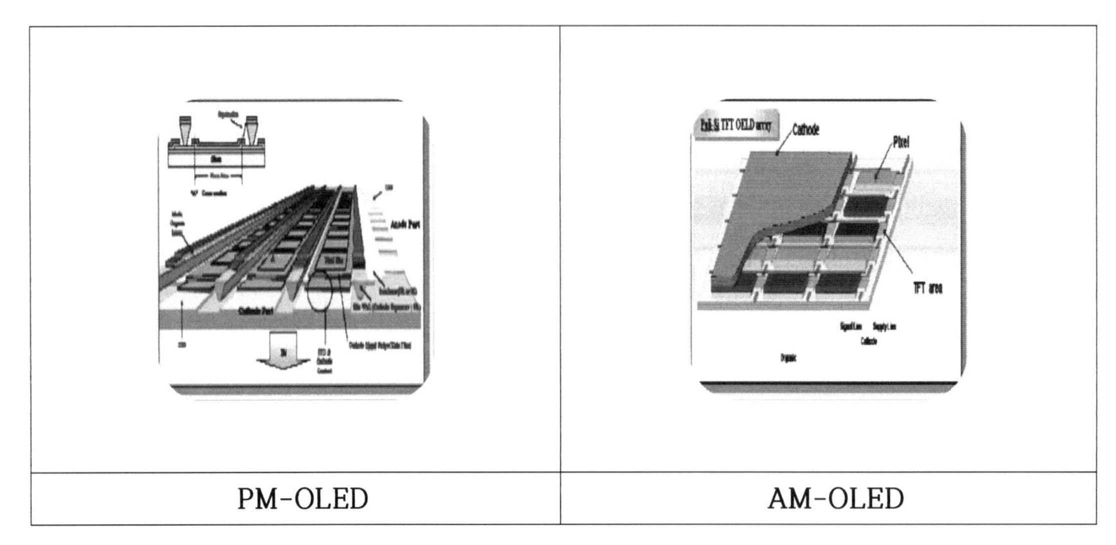

PM-OLED	AM-OLED

표 8 PM-OLED와 AM-OLED 기판 구분

가) PM-OLED

PM-OLED는 배선 형태의 양극과 음극이 수직으로 교차하는 부분이 화소가 되는 구조로 되어 있다. PM-OLED는 음극 배선에 마이너스 전압을 순차적으로 인가하며, 양극 배선에 화면 신호를 인가하여 디스플레이를 구동한다. 즉, 첫 번째 줄에 마이너스 전압을 인가함과 동시에 첫 번째 줄의 화면 신호를 인가한 후, 두 번째 줄로 신호가 넘어가는 방식으로 구동을 하게 된다. 첫 번째 줄에서 두 번째 줄로 신호가 넘어가면 첫 번째 줄의 OLED 화소는 OFF가 되어 발광하지 않게 된다. 4줄의 디스플레이를 구동할 경우, 디스플레이 화면의 휘도는 OLED화소 휘도보다 4배 작게 된다. PM-OLED는 휴대폰 서브창 및 MP3 플레이어용 디스플레이와 같은 작은 크기의 디스플레이에 응용되고 있다.

나) AM-OLED

AM-OLED는 각각의 화소에 구동용 TFT[5]를 형성하여, TFT에 의해 OLED 화소가 구동되도록 한다. 각각의 화소에는 화면신호를 저장하는 저장용량이 있어 신호가 다음 줄로 넘어가도 정보가 그대로 저장됨에 의해 OLED화소에서 계속 빛이 방출되도록 구성되어 있다. 디스플레이 화면의 줄 수가 많아져도 필요한 휘도가 급격히 증가하지 않아 대면적의 디스플레이 구현에 적합하다. 또한 AM-OLED는 TFT에 의해 각

5) TFT : 박막트랜지스터, Thin Film Transistor,기판 위에 진공증착 등의 방법으로 형성된 박막을 이용하여 만들어진 트랜지스터. 반도체와 절연체, 그리고 금속의 박막을 차례로 증착하여 만든다.

각의 화소가 조절되기 때문에 화면 불량이 적고, 높은 해상도의 구현이 가능한 장점을 갖고 있다.

AM-OLED는 TFT-LCD와 달리 전류에 의해 OLED화소의 휘도가 조절되기 때문에 각각의 화소를 구동하기 위해선 두 개 이상의 TFT를 필요로 한다.

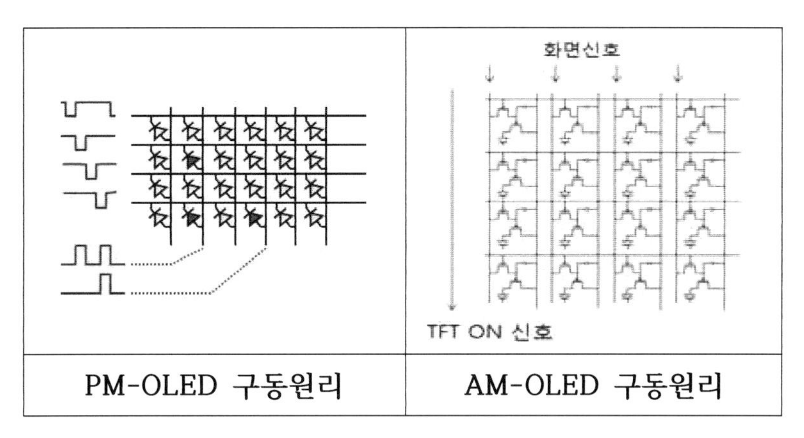

표 9 PM-OLED 구동원리와 AM-OLED 구동원리

AM-OLED를 구동하기 위한 TFT로는 저온 다결정 Si (LTPS, Low Temperature Polycrystalline Si) TFT와 비정질 Si (amorphous Si) TFT가 있으며, 플렉서블 기판을 이용할 경우 유기 TFT를 사용하기도 한다. LTPS-TFT는 전하 이동도가 우수하기 때문에 전류의 공급 능력이 우수하여 AM-OLED 개발 초기부터 사용되어 왔다.

하지만 LTPS-TFT는 TFT간의 균일도가 좋지 않으며, 제조가격이 비싼 단점이 있다. 이에 비해, 제조가격이 LTPS-TFT에 비해 저렴하고, 대면적의 유리 기판을 처리할 수 있는 장비 개발이 잘되어 있는 장점을 가진 비정질 Si TFT는 TFT-LCD의 제작을 위해 널리 사용되고 있다. 그러나 전하 이동도가 작아 전류의 공급 능력이 작으며 신뢰성이 좋지 않은 단점을 갖고 있다. 하지만 아직도 AM-OLED의 생산에 이용되어지고 있다. 유기 TFT는 신뢰성 개선이 필요하며 아직까지 연구개발 초기 단계에 있다. 최근에는 산화물 TFT에 관한 연구개발이 활발히 진행되고 있다.

4) 광 방출방향

OLED는 빛의 방출 방향에 따라 배면발광, 전면발광, 양면발광으로 구분된다.

대분류	배면발광소자	전면발광소자
발광 방향	[figure]	[figure]
구조	투명양극 반사음극	반사양극 투명음극
공정	단순 공정	복잡한 공정
개구율	낮은 개구율(40%)	높은 개구율 (40-70%)
해상도	저해상도	고해상도
그 외의 특징	낮은 소자	장수명, 우수한 색 특성

표 10 배면발광소자와 전면발광소자

배면발광 OLED는 투명한 기판 방향으로 빛이 방출되는 구조이며 가장 많이 사용되고 있다. **전면발광** OLED는 기판의 반대 방향으로 빛이 방출되는 구조로, 투명한 기판을 사용할 필요가 없기 때문에 금속, 실리콘 웨이퍼 등의 불투명한 기판을 이용하여 OLED의 제작이 가능한 장점이 있다.

AM-OLED에서 TFT가 놓여 있는 기판의 반대 방향으로 빛이 방출되기 때문에 수많은 TFT로 OLED화소 구동회로를 제작하여도 빛이 방출되는 면적이 크게 감소하지 않는 장점이 있어서 해상도가 높은 디스플레이에 사용되고 있다.

양면발광 OLED는 빛의 양쪽 방향으로 방출되는 방식으로, 두 개의 OLED를 겹치는 방식과 투명한 OLED를 이용하는 방식으로 다시 구분된다. 투명한 OLED를 이용하는 방식은 건물의 창 혹은 자동차 유리 등에 디스플레이를 표시할 수 있어 응용 분야가 넓은 장점이 있다. 양면발광방식은 휴대폰 등에서 메인창 및 서브창을 동시에 표시하기 위하여 개발되었으며, 다양한 분야에 응용될 것으로 예상되고 있다.

바. OLED 제조공정[6]

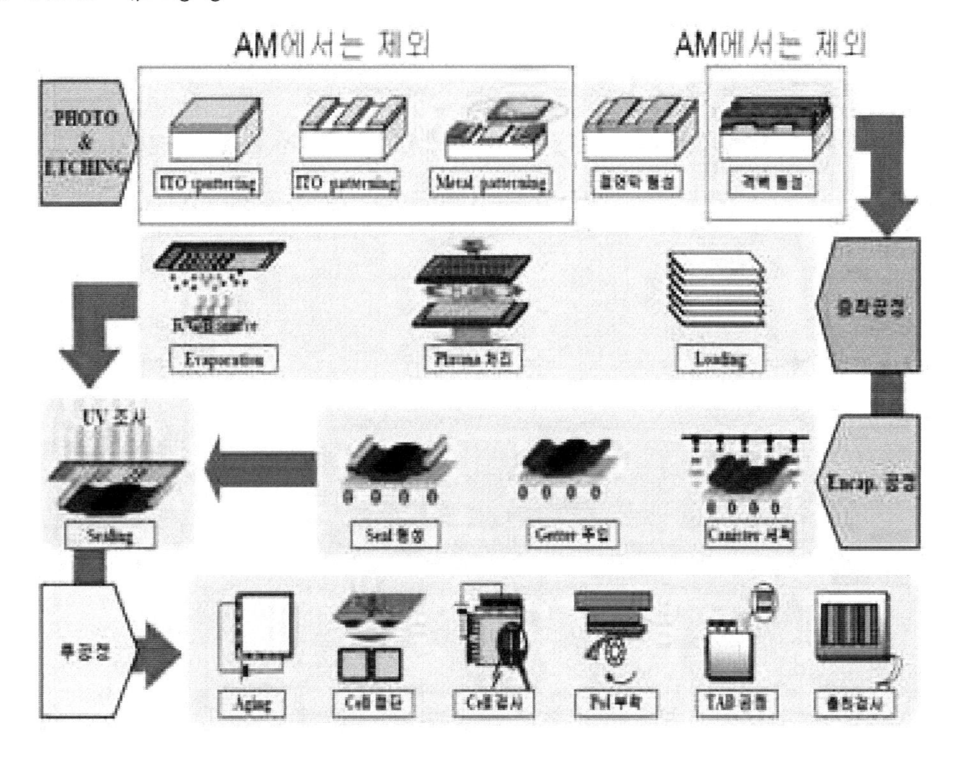

그림 31 OLED 제조공정도

OLED의 제조 공정은 위의 그림과 같다. 에칭(Etching)-증착공정-VU조사 -Thin-Film-Encapsulation공정-후공정을 통해서 제작이 된다. 결벽 형성 시, 감광성 수지를 이용하여 양극전극(Al)에 패턴(Patterning)공정을 한다. 증착과정에서 Plasma-처리와 Evaporation기술이 있다.

플라즈마공정에서 O_2,Ar등 불활성 기체에 RF Power를 인가 시켜 생산된 Plasma로 기판의 표면을 화학적, 물리적 반응에 의해 처리하여 ITO층의 Work Function 값을 높여줌으로써 OLED Device의 특성을 향상시켜 준다. 또 다른 방법에는 UV-Cleaningdms가 있다.

O_2에 UV를 조사시켜 화학반응에 의해 생성된 오존으로 기판 표면의 유기물 제거로 Device의 효율을 향상시킨다. 이후 E-beam Evaporation과정에서는 전기장에 의해 회절된 전자빔으로 원료물질을 가열하여 증착시킨다. 다음공정은 Thin-Film-Encapsulation공정으로 봉지용 초박막을 형성한다. Encapsulation공정

6) 자료 : OLED 구조 및 구동 원리, 2006년 2월 FPD 전문가 양성 세미나용, LG전자, 김 광 영

이 끝난 후에 aging[7]-O/S검사[8]-Scribing-Breaking-ProbeTest[9]-Cleaning-Pol. 부착하는 과정을 통해 샘플에 전원을 인가시켜 패널의 양, 불을 판별하고 양품으로 판별된 패널이 제작된다. 이후 ACF부착-TAB[10]-최종검사[11]-Seal/Tape부착[12] -Case조립 하는 과정을 거처 제품으로 출하된다.

1) OLED 면광원

OLED 면광원의 구조는 일반적인 OLED 단위소자와 크게 다르지 않다.

(1) 유리기판상에 ITO와 같은 투명 도전 막이 양극으로 사용되며 빛이 방출되는 영역을 규정하기 위해서 양극은 패턴으로 형성되어 있다.
(2) 양극 패턴의 전기저항을 감소시키기 위해 외곽 부분 또는 적당한 부분에 금속 보조전극이 형성되어 있다. 금속 보조전극은 전원을 공급하는 패드 역할을 하도록 구성되기도 한다.
(3) 양극 패턴의 가장자리 부분으로 인한 불균일성을 감소시키며, 금속 보조전극 부분을 유기박막과 절연시킴에 OLED 소자의 누설전류, 재현성 등의 특성을 향상시키는 절연막 또는 격벽이 형성되어 있다.
(4) 양극 패턴 상에는 유기박막이 형성과 유기박막 위에는 음극 패턴이 형성되어 있다. 음극 패턴은 전원을 공급하는 패드의 역할도 한다.
(5) OLED 소자 상에는 봉지부분이 형성되어 있다. 봉지 부분은 봉지 커버 또는 캔, 수분을 흡습하는 Getter, 봉지 커버와 OLED 소자가 형성된 기판이 접착되는 접착제 패턴으로 구성되어 있다. 봉지 커버와 OLED 소자 간의 공간에는 질소 또는 아르곤과 같이 수분이나 산소가 포함되지 않고 반응성이 적은 가스로 채워져 있다.

2) OLED 조명 모듈 공정

OLED 조명의 제조 공정은 (1)전극 백플레인 제조공정, (2) 유기박막/음극전극 공정, (3) 봉지 공정, (4)조명 모듈 제조 공정으로 구성된다.

---

7) aging : 양질의 패널 가각에 역 전압을 인가하여 막 안정성 및 막 효율을 향상시킨다.
8) O/S검사 : Cell 전체화면을 각각 발광 시켜 소자내의 결합 여부를 판정한다.
9) Probe Test : 각 패널패드에 신호를 입역하여 불량을 점검한다.
10) TAB : 패널부위에 접착되어 있는 ACF상에 COF를 패널패드에 정렬시켜 열 압착을 한다.
11) 최종검사 : 패널과 모듈의 연결 상태와 일정신호를 입력하여 패턴 검사를 한다.
12) Seal/Tape부착 : 제품의 신뢰성 향상을 위해 TAB된 부위에 Seal 제 도포 후 Tape를 부착한다.

가) 전극 백플레인

전극 백플레인 제조 공정은 기판 상에 투명전극인 ITO 패턴, 보조전극, 격벽 또는 절연막 제조 공정으로 구성된다.

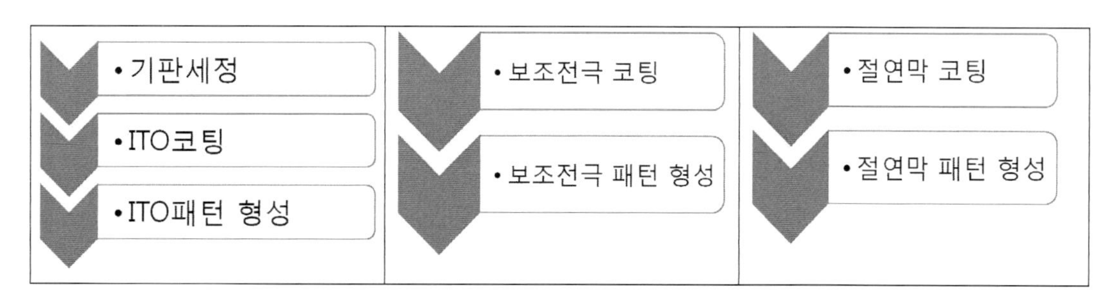

표 11 전극 백플레인 제조 공정

① 기판 상에 ITO 전극을 코팅을 한다. ITO 전극은 반응성 스퍼터링, 이온 플레이팅등과 같은 플라즈마를 이용하는 진공증착 공정에 의해 주로 형성시킨다. 전기비저항이 낮고 투과도가 높은 ITO 박막을 형성하기 위해 스퍼터링 온도, 분압, 타깃 조성 등을 조절하고, ITO 전극의 두께는 50~150mm정도이며 투과도는 85%이상이 되도록 한다.

② ITO전극을 코팅한 후 ITO전극 패턴을 형성하여 빛이 방출되는 면적을 형성한다. ITO전극 패턴을 형성하는 방법으로 노광 공정이 사용되고 있다. 노광 공정은 패턴 형성 시 일반적으로 사용되는 PR코팅/Baking, 노광, 현상/Baking, 식각, PR제거 등의 공정으로 구성되어 있다.

노광 공정에 의한 ITO 패턴 형성은 OLED 조명을 위한 투자비를 증가시키는 요인이 되고 있어 레이저에 의한 패턴 형성와 같은 다양한 ITO 패턴 형성 공정이 개발되고 있다.

③ ITO패턴을 형성한 후, 전극의 전기저항을 감소시키며 패드 부분 형성을 위해 보조전극을 코팅한다. 보조전극으로는 Cr, Mo등의 금속 박막이 사용되며 스퍼터링 방식에 의해 코팅된다.

④ 보조전극 패턴을 형성한다. 보조전극 패턴을 위해 ITO패턴 형성 시와 마찬가지로 노광 공정이 가장 많이 사용되고 있다. 보조전극 패턴은 빛이 방출되는 면적을 감

소시키므로 보조전극 패턴이 차지하는 면적을 작게 해야 한다. 따라서 ITO 패턴 주변의 보조전극 패턴은 수십 ~ 수백 μm의 폭으로 얇게 형성하는 기술이 개발되고 있다.

⑤ 보조전극 패턴을 형성한 후 OLED의 누설전류, 재현성, 절연 등의 특성 안정성을 향상시키기 위해 절연 패턴을 형성한다. 절연 패턴은 유기 혹은 무기 절연막으로 형성된다. 유기절연막의 경우, 감광성 유기절연막이 주로 사용된다. 앞에서와 마찬가지로 절연 패턴의 형성을 위해 노광 공정을 필요로 하기 때문에 노광공정을 사용하지 않는 프린팅 또는 섀도우 마스크 방식 등의 공정을 이용하여 절연막을 형성하는 기술이 개발되고 있다.

나) 유기박막/음극전극

유기 박막/전극 공정은 유기박막 형성과 음극 전극 형성 공정으로 크게 구분된다. 유기박막 형성 공정은 기능성 유기 박막을 코팅하기 위한 공정이고 음극 전극 형성 공정은 OLED를 완성하기 위한 공정이다.

기판 세정 기판 전처리	유리막 형성	전극 증착

표 12 유기박막과 전극 제조 공정

고 봉지 공정은 OLED에 원하는 않는 가스 혹은 이물이 침투되는 것을 막아주는 패키징을 하기 위한 공정이다. 유기박막 형성 공정은 기판세정과 기판 전처리, 유기막 형성, 전극 증착 공정으로 구분된다.

① 전극 백플레인 기판을 세정 후 기판 전처리를 수행해야 된다. 세정은 기판 백플레인 절연막의 종류에 따라 세정액을 달리할 수 있으며, 절연막이 세정액에 손상을 받지 않도록 세정액을 선택한다. 세정과 기판 전처리는 동시에 수행할 수 있다. 기판 전처리에 의해 ITO 표면의 이물이 제거됨과 동시에 ITO의 표면특성이 개질되어 OLED의 특성이 향상된다. 기판 전처리는 습식 혹은 건식 방식으로 구분이 된다. 습식 방식은 아쿠아레지아와 같은 용액에 ITO 기판을 노출시켜 ITO 표면의 식각 혹은

표면이 개질되는 방식이며, 건식 방식은 플라즈마 또는 오존 등과 같은 가스에 노출시켜 ITO표면을 개질하는 방식이다. 건식 방식으로는 산소 플라즈마 및 오존 처리가로 이용된다. CFx, Ar과 같은 가스를 이용하여 전처리를 수행하는 경우도 있으며 최근에 Cl, F 등과 할로겐 가스를 이용하는 전처리 공정 또한 개발되고 있다.

② 유기박막을 형성한다. 유기박막은 일반적으로 진공증착 또는 용액공정에 의해 형성되며, 진공증착과 용액공정을 혼합하여 사용하기도 한다. 진공증착 방식이 일반적으로 이용되고 있으며, 잉크젯 프린팅, 오프셋 프린팅 등의 용액공정 방식 방식이 연구개발이 되고 있다. 정공주입 또는 정공수송층 및 발광층은 용액공정에 의해 형성하고 전자수송층 등은 진공증착에 의해 형성하는 하이브리드 방식으로도 개발되고 있다. 하이브리드 방식은 여러 기능층을 형성하기 어려운 용액공정의 단점을 보완하며 공정을 단순화시킬 수 있는 방법이다.

③ 음극을 형성한다. 음극은 진공증착 방식에 의해 형성된다. 음극은 패드 및 버스라인의 역할을 하기도 하며 원하지 않는 부분에 음극 금속이 형성되는 것을 방지하기 위하여 마스크가 이용된다. 음극 증착 마스크는 디스플레이 정도의 정밀도가 요구되지는 않지만 광원의 크기가 작을 경우 정밀도가 중요한 요소이다. 진공 증착 공정은 장비 투자비와 공정비용보다 저렴한 프린팅을 이용하여 음극을 형성하는 공정 개발에 힘쓰고 있다.

다) 봉지 공정

봉지 공정은 봉지커버 세정, Getter 부착, 접착제 도포/경화 공정으로 구분된다.

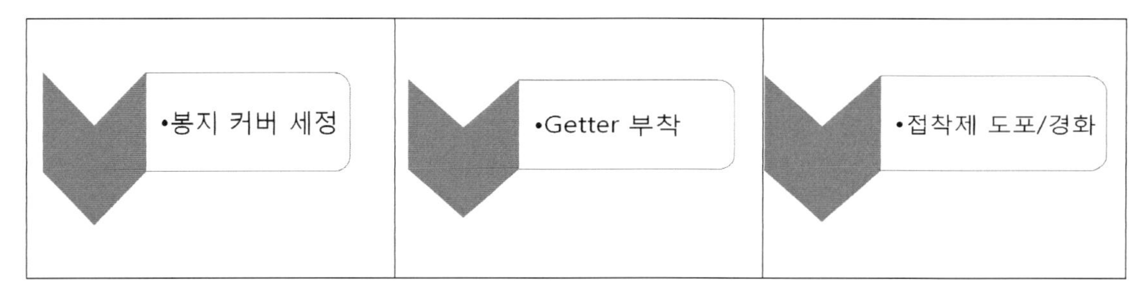

표 13 봉지 공정

봉지 공정은 외부와 내부의 수분과 산소에 의해 OLED의 신뢰성이 저하되는 것을 방지하기 위한 공정이다. 봉지 공정의 수행을 위하여 봉지 커버에 있는 이물, 먼지 등의 제거를 위해 봉지커버를 세정해야 되며, 봉지 커버는 금속 캔, 유리 등이 주로 사용되어왔으며 현재는 유리가 주로 사용되고 있다. OLED 광원에서 발열이 중요할 경우 봉지 캔의 열전도도가 중요하다. 세정 후 수분의 흡습 등을 위한 Getter를 붙인다.

(1) 봉지 커버 세정

세정 후 공기 중에 노출되지 않고 수분이나 산소가 적은 질소 혹은 불활성 가스 분위기에서 Getter를 붙인다.

(2) Getter의 부착

봉지 커버에 접착제를 도포한다. 이때 접착제는 UV 또는 열경화형 에폭시 등이 주로 사용된다. UV또는 열경화형 에폭시는 투습 특성이 좋지 않기 때문에 OLED 광원의 외곽에서 신뢰성 저하가 있을 수 있어, 화소의 크기가 작은 OLED 디스플레이에서는 유리 프릿을 이용한 접착제가 사용되고 있다.

(3) 접착제 도포

접착제를 도포한 후 OLED 기판과 봉지 기판을 정렬하여 접착제를 가부착 한다. 이와 같은 공정은 외부의 수분이나 산소가 차단된 분위기에서 진행해야 된다.

(4) 정렬 및 전극 기판과의 부착

자외선 경화제를 사용하는 경우 접착제에 자외선을 쪼여 접착제를 경화한다. 자외선이 경화제에 흡수될 수 있도록 자외선이 투과되는 유리 기판 쪽으로 자외선을 조사하며, 이 때 자외선이 유기 박막에 조사되면 유기 박막이 손상되므로 자외선 가림판 등을 이용하여 자외선이 유기 박막에 조사되지 않도록 해야 한다.

유리 프릿을 사용하는 경우 유리 프릿의 소결을 통하여 유리기판과 봉지 커버가 밀착되도록 해야 한다. 유리 프릿의 소결을 위해서는 높은 온도가 필요하므로 OLED가 손상될 수 있어서 유리 프릿 부분만을 국부 가열할 수 있는 레이저 소결방식이 사용된다.

라) 모듈 공정

OLED 광원 패널이 완성되면 광원 패널을 전기적으로 연결하는 공정을 거친다. 전기적 연결은 하나의 광원을 이용할 수도 있으며 여러 개의 광원을 이용할 수도 있고 모듈 케이스를 이용할 수도 있다.

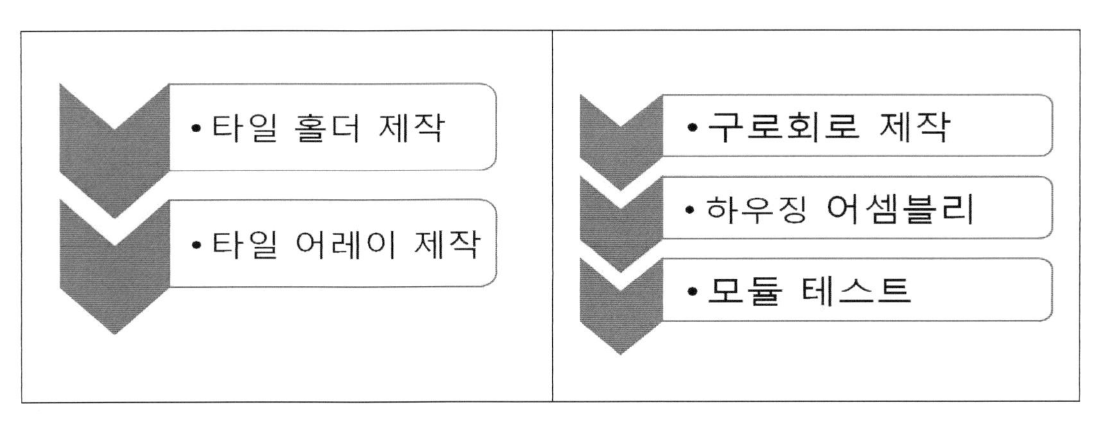

표 14 모듈 공정

모듈 케이스를 이용하는 경우 PCB기판을 사용하기도 하며, PCB기판과 OLED 광원과의 전기 접속 방법은 다양하며 ACF를 이용할 수 있다. OLED 광원 모듈을 이용한 전기적 접속은 광원 패널과 마찬가지로 여러 개의 모듈을 연결하여 조명을 구성할 수 있다. OLED 조명은 용도에 따라 다양한 면적의 광원을 필요로 하다. 앞에서 기술한 바와 같이 하나의 OLED 광원을 이용하여 하나의 OLED 조명을 제작하는 경우도 있으며, 여러 개의 OLED 광원을 이용하여 하나의 OLED 조명을 제작하는 경우가 있다.

균일 도를 저하시키지 않고 제작할 수 있는 OLED 광원은 면적에 한계가 있으므로, 수 cm에서 수십cm의 OLED 광원을 앞에서와 같이 제작하고 이를 타일 형태로 붙여서 OLED 조명을 제작하는 방식도 있으며, OLED 타일을 정렬하여 OLED 조명을 제작하는 경우에는 타일 홀더가 필요로 한다.

타일 홀더에는 OLED 광원을 직렬 혹은 병렬로 연결할 수 있도록 다양한 배선 및 이에 적합한 구동회로가 필요하게 된다. 구동회로와 하우징은 조명의 응용 범위가 방식에 따라 다를 수 있으며 이에 따라 각각 다른 방식의 모듈 공정이 적용될 수 있다.

03. OLED 응용분야

3. OLED 응용분야

가. OLED 디스플레이

OLED 조명과 OLED 디스플레이는 사용되는 소자 구조는 거의 유사하지만 구조, 필요한 특성, 제조공정, 응용분야 등에 있어 서로 다르다. **OLED 조명**은 빛을 비추는 용도로 주로 사용되기 때문에 수 mm~수십 크기의 광원을 배열하는 구조로 되어 있는 반면에 **OLED 디스플레이**는 화면에 동영상 혹은 정보를 표시하기 위하여 수 μm~수백 μm크기의 화소가 미세하게 배열되어 있다.

OLED 디스플레이는 청색, 녹색, 적색의 서브화소를 이용하여 여러 가지 색을 표현할 수 있다. OLED 디스플레이(AMOLED)는 각각의 서브 화소를 조절하기 위해 TFT를 필요로 한다. TFT 백플레인은 수십~수백 단계의 단위공정을 거쳐 제조되며, 고정밀 노광장비, PECVD, 스퍼터와 같은 고가의 공정 장비를 필요로 하여 수천억 원~수조원의 투자비용을 필요로 한다.

OLED 디스플레이의 서브 화소 크기가 매우 작기 때문에 미세 패턴 형성 공정을 필요로 한다. 따라서 OLED 디스플레이의 제작을 위해선 유기물, 전극 등을 코팅하는 장치 이외에 미세 패턴을 형성하기 위한 별도의 장치를 필요로 한다.

또한 디스플레이를 위해선 TFT 백플레인의 화소 영역과 OLED 서브화소 영역이 서로 미세 정렬되어야 하기 때문에 OLED 디스플레이에서는 고가의 OLED 화소 형성 장비를 필요로 한다. LED 조명 제조를 위해선 생산성이 우수한 인라인 OLED 형성 장비가 사용되고 있으나, OLED 디스플레이의 제조를 위해선 고정밀 클러스터 타입 OLED 형성 장비가 주로 사용된다.

OLED 조명과 디스플레이는 사업 영역이 다르기 때문에 참여하는 기업도 차이가 있다. OLED 디스플레이의 경우 SMD, LG디스플레이, 소니 등의 디스플레이 전문 회사가 주도하고 있다. 그러나 SMD, LG디스플레이와 같은 기업에서도 OLED 조명을 연구개발하고 있으며, LG화학과 같은 소재 전문기업 또한 OLED 조명을 연구개발하고 있어 사업 영역 파괴가 일어나고 있다. OLED 디스플레이와 OLED 조명이 필요로 하는 공통적인 기술 요소와 각각의 특징적인 기술 요소가 있다.

OLED 디스플레이와 조명에 모두 필요한 공통적인 기술 항목으로는 변환효율(전류가 빛으로 변화되는 비율), 전력효율, 안정성, 수명 등이 있으며, OLED 디스플레이만의 기술항목으로는 해상도, 명암비, 시야각, 색재현성, 색온도 등이 있으다. 또한 OLED 조명만의 기술 항목으로는 연색지수, 광속, 다면적 발광, 전체 전력효율(램프효율), 광속 등이 있다. 색온도의 경우 디스플레이와 조명이 모두 중요하나 디스플레이와 조명이 필요로 하는 값은 다르다.

디스플레이의 경우 6000~1000K정도의 범위가 필요한 반면, 조명에서는 2800~6500K의 범위가 일반적이다. 전력효율 면에서 디스플레이는 정면효율이 중요한 반면, OLED 조명의 경우 측면을 포함한 전체 효율이 중요하다. 다음은 OLED디스플레이와 OLED조명을 비교하여 표로 정리한 것이다.

	OLED 디스플레이	OLED 조명
구조	TFT 필요	TFT 불필요
화소	수십-수백만 개의 RGB 서브화소	수-수십만 개의 광원
	수μm - 수백 μm	1mm - 수십cm
공정	수십-수백단계 공정 화소 미세 정렬 필요 패턴 형성 공정 필요	10단계 공정 이하 광원 미세 정렬 불필요 패턴 형성 공정 불필요
재료	전용 재료 필요	색 순도가 높은 청, 녹, 적 재료 필요
투자비	수조 원	수천억 원
응용분야	스마트용, 태블릿 PC, TV	조명, IT기기

표 15 OLED 디스플레이와 OLED 조명 비교

나. 자동차 산업

4차 산업혁명이 고도화됨에 따라 미래 자동차는 현재보다 더욱 간소화된 모습으로 변할 것이다. 스마트카에는 운전대나 블랙박스, 사이드미러, 카 오디오와 같은 부품이 사라질 것이라는 예측도 있다. 한편으로는 디스플레이 패널 시장을 이끌던 TV와 스마트폰 시장이 둔화되면서 자동차용 디스플레이 시장이 빠르게 부상하고 있어 미래자동차에 OLED 디스플레이의 선점은 머지않아 보인다.

최근 다양한 자동차 회사에서 출시하는 신차들을 보면 트렌드 중 하나가 차량의 대시보드나 센터페시아에 대형 디스플레이들이 자리를 잡기 시작했다. 시시각각 자동차의 상태에 대한 정보를 알려주는 기능과 스마트폰과의 연동으로 가능해진 다양한 추가 기능으로 다양한 콘텐츠를 다룰 수 있게 되었기 때문이다. 자동차의 모바일화는 디스플레이의 중요성이 지속적으로 대두되는 요인 중 하나이다.

디스플레이 관련 특허현황을 보면 차량의 시야 확보 장치와 관련한 국내 특허 출원 건수가 최근 3년간 연평균 55건으로 증가했다고 나왔다. 2017년 해외에서 사이드미러를 반드시 달아야 하는 강제 규정이 변경되면서 관련 특허 또한 꾸준히 등록되고 있는 상황이다. 이에 따라 사이드미러 없이 디스플레이로 주변의 시야를 확인하는 '미러리스' 자동차가 곧 등장하게 될 것으로 예상된다. 2017년 초 메르세데스 벤츠는 실제로 사이드미러가 없는 콘셉트 모델을 발표하기도 했다.

특히 많은 전문가들이 향후 자동차 산업에서 큰 활약을 하게 될 디스플레이로 'OLED'를 꼽고 있다. 운전자가 운전하며 디스플레이를 통해 식별하는 정보가 안전과 연결되기 때문에 완벽한 블랙표현과 풍부함 색감, 높은 명암비, 넓은 색재현율을 가지고 있는 높은 화질의 OLED가 그 주인공으로 점쳐지고 있는 것이다. 특히 투명 OLED 디스플레이는 운전자의 시야를 방해하지 않고 정보를 제공하는 HUD(Head-Up-Display)등에 적용되어 운전자에게 최적화된 혁신적인 디스플레이로 자리잡을 것으로 예상하고 있다.

그림 40 투명 HUD, 계기판에 적용된 OLED 디스플레이

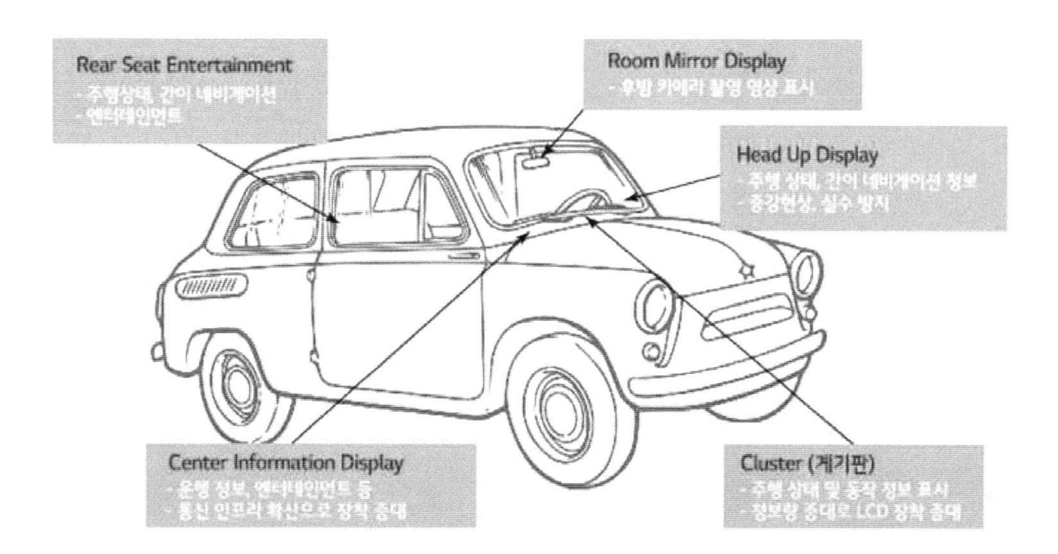

LG디스플레이 블로그 디스퀘어 | blog.lgdisplay.com

그림 41 차량 내 대부분 위치에 적용될 수 있는 OLED 디스플레이

OLED 디스플레이가 자동차 디스플레이로 적합한 이유가 또 있다. OLED 디스플레이는 구조적인 특성상 전통적인 사각형의 디자인을 벗어나 원형, 커브드 등 이형의 디자인으로 쉽게 제작 가능하다. 이는 다양한 형태의 디자인으로 디스플레이를 구성할 수 있을 뿐만 아니라 이전에는 디스플레이가 장착되기 어려웠던 자동차의 실내 곳곳에 디스플레이가 위치할 수 있음을 의미한다. 또한, 플렉서블 형태로 조형이 가능한 OLED특성은 계기판이나 센터페시아에 적용되어 보다 유려하고 인체공학적인 인테리어를 구축할 수 있다.

유비산업리서치에서 발간한 리포트에 따르면 OLED 디스플레이는 자동차의 계기판이나 CID(Center Information Display, 중앙정보처리장치)에 본격적으로 적용될 수 있을 것으로 예상했으며, 프리미엄급 차량에 우선 적용될 것으로 내다봤다.

또한, 해당 보고서에서는 자동차 디스플레이 시장은 연평균 약 17%로 성장해 2022년까지 약 250억 달러(USD)의 규모가 될 것으로 내다봤다. 이중 OLED 디스플레이의 규모는 점진적으로 확대되어 2022년 약 20% 정도를 차지할 것으로 예상된다.

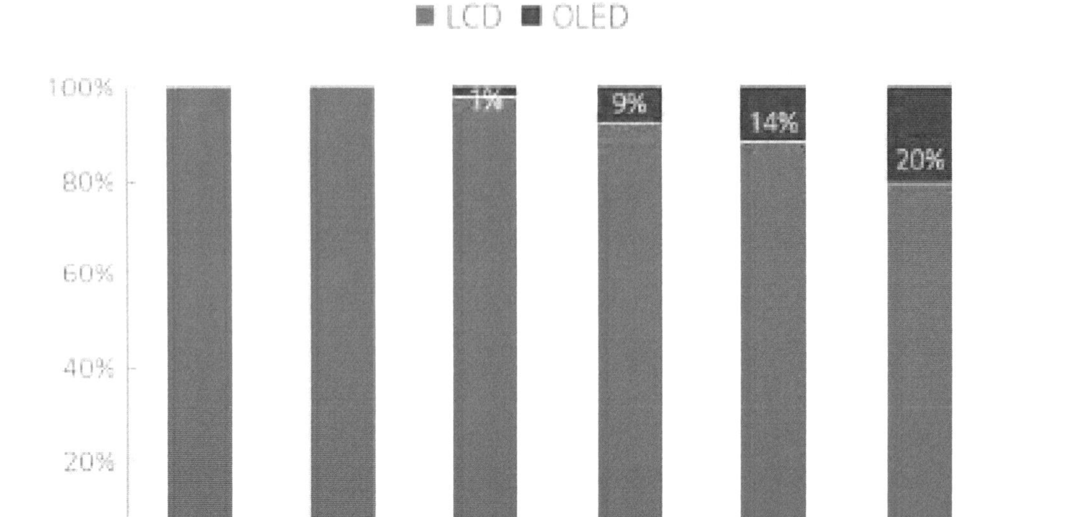

13)

그림 42 Automotive display 시장 디스플레이별 점유율 전망

실제 사례를 살펴보면 Audi는 전기 자동차 SUV e-tron quattro의 사이드 미러를 카메라화 하고 내부에 OLED display를 탑재하여 공기 저항 계수를 0.28 cd까지 실현한 바 있다. Audi는 이를 통해 연료 효율 개선뿐만 아니라 사각 지대를 없애 운전자의 운전까지 도모할 수 있다고 언급했다.

그림 43 2015년에 공개 되었던 Audi e-tron의 인테리어 컨셉 사진

13) LG디스플레이 블로그 디스퀘어

뿐만 아니라 e-tron quattro에는 인테리어용 디스플레이에 모두 OLED가 적용됐다. OLED는 LCD에 비해 높은 명암비와 빠른 반응 속도, 넓은 시야각으로 높은 시인성을 구현할 수 있어 자동차 디스플레이에 적합하다고 평가 받고 있다.

자동차 부품 공급업체인 Continental corporation도 자사 홈페이지에서 2장의 OLED가 적용 된 미러리스 자동차의 여러 장점들을 소개하며 어두운 상황이나 우천 시에도 더 나은 시야 제공이 가능하다고 밝힌 바 있다.

한편, Samsung Display나 LG Display 뿐만 아니라 중국 panel 업체들도 시장 공략을 위해 다양한 OLED 제품을 선보이고 있다. Samsung Display는 SID 2018에서 OLED를 활용하여 화면 크기를 다양하게 조절할 수 있는 rollable CID(center information display)와 12.4 inch 크기의 curved CID를 전시하였다.

뿐만 아니라, 6.22 inch 크기의 unbreakable steering wheel OLED와 4.94 inch 크기의 transparent OLED가 적용 된 HUD(head up display) 등 OLED를 활용한 다양한 자동차용 제품들을 선보였다.

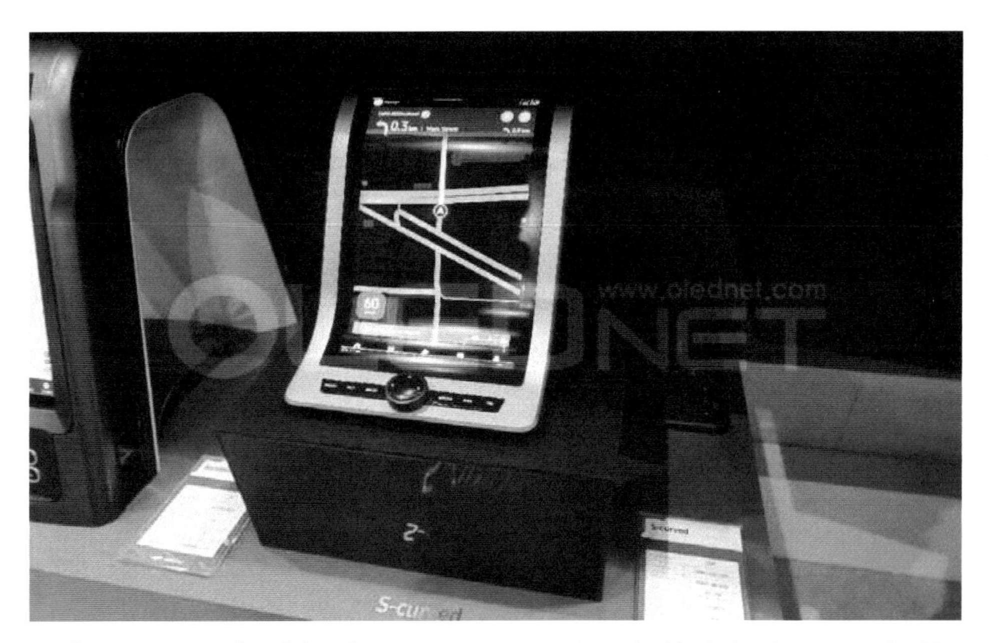

그림 44 OLED가 적용 된 Samsung Display의 12.4 inch curved CID

BOE도 SID 2018에서 12.3 inch 크기의 자동차용 flexible OLED를 전시하였으며, Tianma와 Truly는 2018년 1월에 열린 Lighting Japan 2018에서 자동차용 rigid OLED를 선보이기도 했다.

그림 45 BOE의 12.3 inch flexible automotive OLED

이처럼 자동차용 디스플레이로서 다양한 강점을 가진 OLED디스플레이는 앞으로 자동차 산업의 눈부신 발전과 발맞춰 새로운 혁명을 가져올 것으로 보인다.

다. OLED 의료산업

OLED로 상처를 치료할 수도 있다. 최근 반창고 형태의 광원을 피부에 부착해 시간과 장소에 구애받지 않고 상처를 치유할 수 있는 기술이 개발되었다. 광치료는 빛을 쬐어서 인체의 생화학 반응을 촉진시키는 치료법으로, 병원 등에 설치된 LED 또는 레이저 기기를 통해 상처를 치유하는 데 널리 사용된다.

그러나 기존 기기는 유연하지 못하고 균일하게 빛을 조사하기 어려우며 열이 발생하는 문제가 있어서, 치료효과를 높이고 싶어도 인체에 밀착할 수 없는 한계가 있다. 연구팀이 개발한 광 치료 패치는 가볍고 유연하여 피부에 부착한 채 일상생활을 하면서 고효율 치료를 지속할 수 있다.

구성요소인 OLED, 배터리, 과열방지 장치(히트싱크), 패치가 모두 얇은 막의 형태로 디자인되었고, 두께가 1mm미만, 무게가 1g 미만이다. 300시간 이상 장시간 작동되며, 반경 20mm 이내로 휘어진 상태에서도 구동될 수 있어 다양한 인체 부위에 부착할 수 있다.

또한 42℃ 이하에서 구동되어 저온화상의 위험도 없으며, 국제표준화기구(ISO) 기준의 안전성도 검증되었다. 뿐만 아니라 세포증식이 58% 향상되고 세포이동이 46% 향상되어 상처 부위가 효과적으로 아물게 되는 뛰어난 치유효과를 보였다.

향후 웨어러블 광 치료 패치의 뛰어난 치료 효과와 편리함으로 인해 앞으로는 병원에 방문하지 않고 약국에서 구매해서 쉽게 광 치료를 받을 수 있을 것으로 보인다. 광 출력을 조절하면 피부미용, 피부암, 치매치료, 우울증 치료 등 응용 범위를 넓힐 수 있다.[14)]

라. OLED 조명 산업

구분	백열등	형광등
형태	일반램프, 소형램프, 크립톤 램프	소형, 선형, 원형
수명	1000 ~ 2000 hr	6000 ~ 30000 hr
색	따뜻한 백색 (warm white)	따뜻한 백색 (warm white) 백색 (white) 차가운 백색 (cool white)
연색지수	100	80~90

표 16 백열등과 형광등 특징비교

가장 널리 사용되고 있는 조명용 광원으로는 백열등과 형광등이 있다.

백열등은 색이 온화하고 연색지수가 높아 인류에게 가장 사랑받는 조명으로 오랫동안 자리 잡았으나 최근에 에너지 및 환경의 중요성이 부각되며 점차 사라지고 있다. 앞에서 언급한 바와 같이 백열등은 발광파장 영역과 시감곡선이 겹치는 부분이 적어 전력효율은 약 15 lm/W로 낮지만 연색지수가 100으로 높아 감성조명용 광원으로 인식되고 있고, 일반 가정용 조명으로 널리 이용되어 왔다.

이에 비해 **형광등**은 발광 파장의 대부분이 가시광선 영역에 있어 시감곡선과 겹치

14) <국내 연구팀, 피부에 부착하는 OLED로 상처치유 기술개발>, 헬스조선(2018.03.18)

는 부분이 크며 이로 인해 전력효율이 60~100 lm/W로 높아 에너지 비용이 중요한 공장, 가게, 사무실용 광원으로 주로 사용되고 있다. 다양한 색온도의 형광등이 여러 가지 모양으로 판매되고 있으나 연색지수는 백열등에 비해 낮아 80~90 사이에 있다.

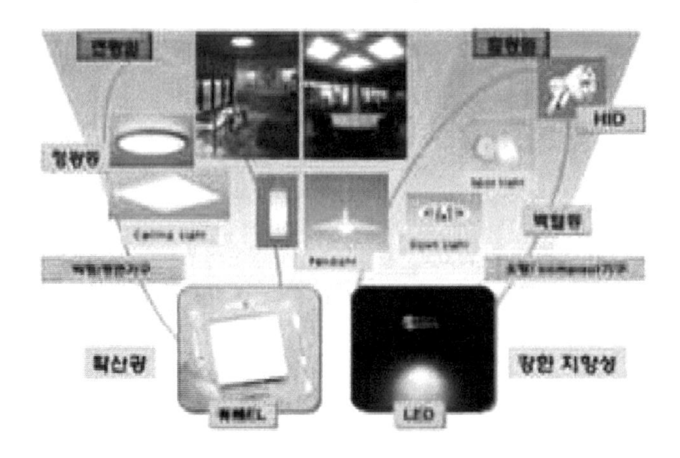

그림 46 LED와 OLED 조명 응용 분야 비교

백열등과 형광등 기술은 비교적 성숙되어 에너지 효율을 획기적으로 향상시킬 수 있는 방법이 별로 없다. 이에 비해 **LED**와 **OLED**는 특성이 급격히 향상되고 있다.

LED는 1990년대에 GaN 시스템을 사용하여 효율이 우수한 청색 및 백색 LED가 개발된 이후로 조명용 광원으로서의 가능성이 부각되기 시작하였다. 이후 다른 물질과 결합된 GaN 시스템을 이용한 LED 조명이 기존의 백열등과 형광등의 효율을 넘어설 수 있는 가능성이 제시되며 주목받기 시작했다.

LED광원은 2~6인치의 소형 반도체 웨이퍼를 이용하여 0.3~1mm x 0.3~1mm 정도의 크기로 제작하기 때문에 "**점광원**"으로 분류한다. 광원을 이용하여 공간 조절을 필요로 하는 스포트 조명 혹은 작업조명에 적합한 것으로 알려져 있다. 이 분야의 조명은 현재 백열등 혹은 고강도 방전 램프가 주로 사용되고 있다.

LED광원은 제품화가 다양하게 이루어지고 있어 전광판, 경고등, 가로등, 신호등, LCD BLU용 광원으로 주로 사용되고 있다. 형광등, 백열등, 할로겐 타입으로도 제작되어 시판되고 있고 스탠드등, 보안등, 비상유도등, 채널문자간판, 아트사인 등으로도 사용되고 있다.

하지만 LED 조명은 점광원으로 앞에서 살펴본 바와 같이 발광 면적이 작으면 정해진 광속을 만족하기 위해서 발광 휘도가 아주 높아야 한다. LED는 점광원의 특성상 발광 면적이 아주 작아 높은 휘도를 내어야하기 때문에 눈부심이 심하다. 따라서 LED를 이용하여 눈부심이 적은 광원을 제작하기 위해선 부가적인 부품과 공정이 필요하다.

조명으로서의 백색 OLED는 1990년 말부터 본격적으로 개발되기 시작하였다. 2000년 초반까지 백색 OLED 광원의 효율은 10 lm/W로 낮았으나 그 이후 많은 연구가 진행되며 급격히 향상되어 현재 100 lm/W 이상의 효율의 OLED 광원이 보고되고 있다.

OLED는 **확산광원**(diffusive light source)이므로 현재 형광등이 주로 사용되고 있는 대 면적의 일반조명 혹은 광고(signage)에 적합하다. 또한 OLED에 사용되는 기능성 유기박막은 주로 비정질이기 때문에 LED에서처럼 정확한 에피공정조절 (epitaxial growth control)을 필요로 하지 않아 극히 저가의 기판을 이용하여 단순하게 제작할 수 있다. 따라서 OLED는 저가 고체조명으로서의 가능성이 아주 높다.

앞에서 언급하였듯이 고가의 조명기술은 광범위하게 응용되기 어렵다. 따라서 저가의 가능성은 OLED가 조명으로 광범위하게 응용될 가능성을 높이는 중요한 장점이다. OLED는 확산 광원이므로 OLED 조명의 궁극적인 목표는 형광등보다 뛰어난 조명을 개발하여 형광등을 대체하는 것이다.

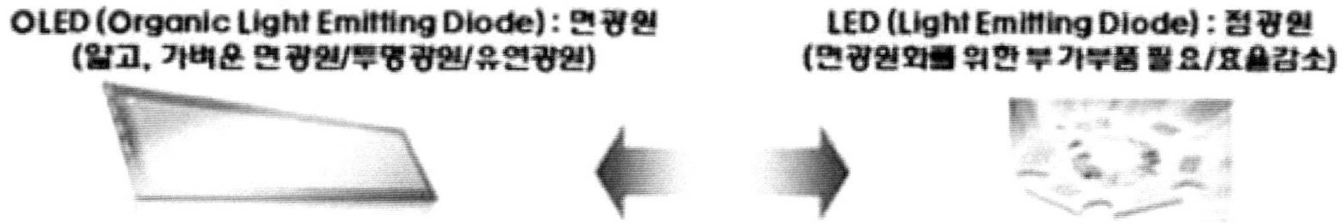

OLED (Organic Light Emitting Diode) : 면광원
(얇고, 가벼운 면광원/투명광원/유연광원)

LED (Light Emitting Diode) : 점광원
(면광원화를 위한 부가부품 필요/효율감소)

면광원	광원효율 (lm/W)	면광원화 수단	기구의 광이용효율 (%)	종합효율 (lm/W)
OLED	50	불필요	100	50
LED + 도광판	100	도광판	30~70	30~70
무기EL	10	불필요	100	10
평면형광램프	30	불필요	(100)	(20)
FEL	—	불필요	(100)	—
형광등	100	확산판	50	50

그림 47 OLED 면광원과 타 면광원 특성 비교

OLED 조명은 **면광원**이며 **확산광원**이므로 대 면적에서 은은하며 감성적인 빛을 제공하며 눈부심이 없어 눈의 피로가 적으며 낮은 높이에서 사용할 수 있는 장점이 있다.

OLED는 다른 면광원에 비해 고효율과 장수명, 저가격의 특성을 확보할 가능성이 높으며 투명한 조명, 우수한 색감, 색온도 조절이 용이하여 감성조명으로 응용 가능성이 아주 높다.

OLED 조명은 단기적으로는 유리를 기반으로 타일 형태의 OLED광원을 이용한 형태가 상용화될 것이며, 중기적으로는 투명 조명이나 색 가변 조명이, 장기적으로는 플렉시블 조명이 상용화될 것으로 예상된다. OLED 조명은 LED 조명과 달리 도광판이 필요 없어 플렉시블 조명, 가구 일체형 조명, 창문형 조명 등 새로운 시장을 만들 수 있다.

더불어 OLED 조명은 그 특성이 우수하여 차세대 조명으로 주목받고 있다. OLED 면조명은 기존의 백열등, 형광등에 비해 60~90%의 전력 절감 효과가 기대되며 색 순도의 조절이 용이함과 동시에 얇은 두께, 투명, 플렉시블 조명 등의 특성으로 인하여 디자인 자유도가 높으며 감성조명의 구현이 가능하다. 또한 반도체 LED에 비해 구조와 공정이 간단하여, 공정시간 단축, 공정장비 단순화가 가능하며, 점광원의 반도체 LED에 비해 별도의 부품 없이 면광원이 가능하여 응용분야가 광범위할 수 있다.

현재 보고되고 있는 OLED 조명은 효율 70~100 lm/W 이상, 수명 10000 시간 이상으로 백열등을 대체할 수준 이상이다. 그러나 아직까지 경쟁기술인 LED 조명에 비해 수명, 효율 특성 개선이 필요하며 형광등에 비해 가격이 비싸다. 하지만 OLED조명은 2020년에 효율 200 lm/W, 수명 50000 시간 이상, 가격 1 $/Klm 이하가 예상되어 현재에 비해 획기적으로 개선될 것으로 예측되고 있다.

OLED 조명은 LED 조명과 일부 인프라를 공유하며 새로운 기술을 개발할 수 있는 시너지 창출이 가능하다. OLED 조명은 화석연료 고갈에 대비할 수 있는 에너지 절감형 조명, 수은이나 납 등의 환경오염 물질을 사용하지 않는 친환경 조명, 색순도 조절이 가능한 인간 친화적 웰빙 조명으로 조명산업의 패러다임 변화를 선도할 것으로 예측된다.

특히 OLED 조명은 초박형, 휘도, 색온도, 색상 조절 용이성, 플렉시블 특성을 지닌 신개념 조명으로서, 유기전자 소자 분야와 연계를 통한 핵심기술 공유가 가능하다. 또한 OLED 조명은 BLU, 옥내외 주조명 및 보조조명, 광고(signage), 차량용 조명 등에 응용될 수 있는 실용화 기술로서 점차로 상용화가 진행될 전망이다.

구분	형광등	LED	OLED
광원	선광원	점광원	면광원
면적당 휘도	보통	높음	낮음
광원설치 높이	보통	높음	낮음
수명(hr)	6,000~30,000	100,000	>10,000
이슈	환경오염	가격, 조명공해	효율, 대량생산
특징	저가격	고휘도	디자인, 감성화
응용분야	가정, 공장 등	가로등, 신호등	실내조명

표 17 형광등 LED조명, OLED조명 특성 비교

구분	백열등	형광등	LED	OLED	
				2009년	2015년
효율(lm/W)	16	85	200	34	150
수명(Khr)	1-2	6-30	>100	10	50
광속 (lm/Lamp)	1,200	3,400	1,500	3,000	12,000
가격 ($/Klm)	0.4	1.5	<2	100	<1

표 18 백열등, 형광등, LED, OLED 조명 특성 비교

1) 기술현황

조명용 OLED 광원의 효율은 40~80lm/W수준에 있으며, 수명은 10,000~20,000시간정도이다. 조명용 패널의 효율 향상 기술개발로 인하여 패널의 효율은 150lm/W이상, 패널의 수명은 50,000시간 이상으로 향상될 것으로 보인다.

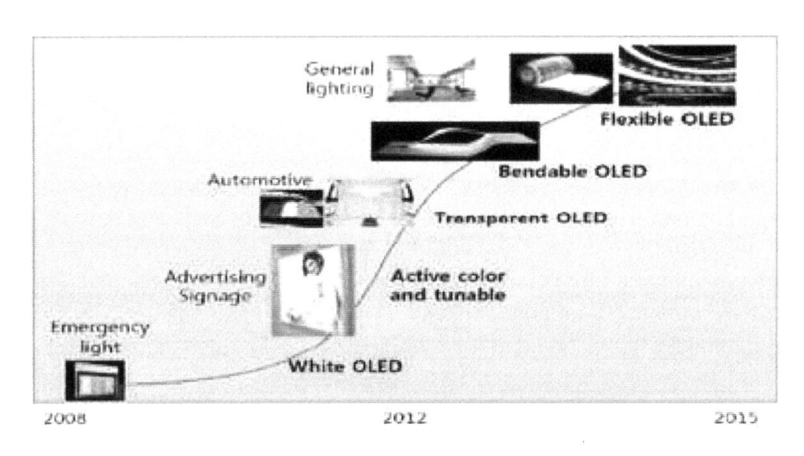

그림 42 OLED 조명 기술의 발전방향

OLED 조명은 현재 기술개발 초기 단계에 있어 초박형 면광원이 부각되는 형태의 기술 개발이 진행되고 있다. OLED 조명의 효율 및 수명이 향상됨에 따라 OLED 조명의 장점인 디자인이 부각되는 기술 개발이 진행 될 것으로 보인다.

또한 OLED 조명 기술의 발전으로 건축물, 자동차, 장식조명 등 다양한 분야에 응용되기 위한 기술 개발이 진행될 것으로 전망된다.

OLED 광원 패널은 고효율 백색 OLED 패널에서 OLED조명의 특성을 활용할 수 있는 투명, 색 가변, 플렉시블 패널로 기술 개발이 꾸준히 진행될 것으로 전망된다. OLED 조명의 효율, 수명, 연색성, 저가격화 기술 향상을 위해선 조명을 위한 소재 및 부품 기술 개발이 필수적이며 부품소재 기술 또한 동반 발전해 나갈 것이다.

지금까지의 OLED 조명 기술 개발은 광원 패널의 효율, 수명, 연색지수 향상 기술에 집중되었으나 향후에는 OLED 광원 패널의 경제적 대량생산 기술이 중요해 질 것이다. 또한 광원 패널의 저가격화를 위한 부품소재 기술, 투명 OLED, 플렉시블 OLED 광원을 위한 부품소재 기술 개발이 중요해질 것으로 보인다.

2) 세부 분야

가) 소재·부품분야

OLED 조명산업의 소재, 부품분야에서는 기술개발이 미약한 수준에 머물러 있다. 신안 SNP, 그라쎌, SFC 등의 중소기업과 대기업인 LG화학, 제일모직 등 디스플레이용 유기소재를 생산하고 있는 업체를 중심으로 인프라 및 노하우를 이용한 조명용 소재기술 개발에 참여하고 있다.

나) 패널분야

OLED 패널을 활용한 조명은 고휘도, 저 전력의 장점과 함께 면 발광이 가능함으로 다양한 수요가 창출될 것으로 기대되는 분야이다. 패널분야에는 국내업체인 LG화학, 삼성SDS, 네오뷰코오롱, 금호전기 등과 함께 OSRAM, Philips, GE, 루미오텍, 파나소닉, 코니카 미놀타 등 수많은 국내외 업체들이 경쟁적으로 조명용 패널개발에 참여하고 있다.

다) 조명장비분야

조명 산업은 특정 산업의 중간재로 활용하기도 하고 특정 산업의 중간재로 활용되는 경우가 많은 산업이다. OLED 조명은 패널, 소재, 부품, 장비 등이 중간재로 사용되어 생산물이 산출되고 타 산업 및 특정 분야에 중간재로 사용되어 영향력이 높은 분야로, OLED 조명 산업의 Supply Chain은 LED 조명보다 단순한 구조로 이루어져 있다. 또한 패널, 소재, 부품, 장비, 등기구 등의 **다양한 산업과의 연관관계를 통해 최종생산품이 산출된다.**

예를 들어, **자동차 산업**에서는 전조등, 후방신호등, 내부조명 등으로 OLED 조명이 사용될 것이며, 이 외에도 수송산업에서도 폭넓게 활용될 것으로 전망된다.

특히 OLED 조명은 자동차 부품 분야에서 각광을 받고 있다. 얇고 가벼운 특성과 풍부한 색 표현력이 자동차용 디스플레이에 걸맞다는 분석이다. 자동차는 사실상 눈으로 볼 수 있는 모든 영역을 OLED로 대체할 수 있다. 12.3인치 전면 디스플레이와 투명 디스플레이를 다중 레이어로 구현함으로써 기존 아날로그 계기판과 유사한 입체

감을 제공하는 디스플레이, 75%가 넘는 고반사율로 룸미러를 대체할 미러 디스플레이 등이 대표적이다.15)

시장조사업체 유비리서치는 자동차용 OLED 시장 규모를 2022년 자동차용 디스플레이 시장에서 약 20% 정도의 점유율과, 200억달러(약 22조원)의 시장규모로 전 세계 출하량도 11% 증가한 1억6400만개를 기록할 것으로 내다봤다.16)

또한 **의료 산업**에서는 OLED 조명이 살균조명, 초소형 내시경, 수술・회복용 특수 조명 등을 대체시키거나 새로운 의료장비에도 접목시키게 될 것으로 예측된다.

건축 산업에서는 건물 전면을 OLED 조명으로 디자인하거나 도시 산업을 위한 루미나리에나 도심전광판 등에 활용될 수 있을 것으로 예측된다.

환경 산업에서는 햇빛이 없는 해저에서 규조류를 증식시켜 바닷물을 정화시키는 분야에 응용될 것이다.

농수산업에서는 생태환경조명, 작물재배용 조명, 오징어 집어 등 수확 및 어획량 증대를 위한 도구로 사용될 것으로 전망된다.

또한 OLED 조명은 생활조명에서 '감성조명'으로, 기술조명에서 '웰빙 조명'으로의 변화를 꾀하고 있다. 소비자들의 조명에 대한 욕구 또한 디자인을 중시하고 친환경 제품을 중시하는 쪽으로 변화하고 있는 추세이다.

예를 들어 OLED조명은 사람과 교감하는 **그린 휴먼 라이팅**(Green Human Lighting)으로 조명문화의 패러다임 변화를 주도할 것으로 보인다. 미래 조명은 에너지 절감, 친환경 요구와 더불어 환경, 인간, 조명이 교감하는 차세대 조명으로 발돋움할 것이며, 조명 공해로부터 자유로운 그린 휴먼 라이팅 환경으로 변화할 것으로 예측된다. OLED 조명은 기존 조명을 대체하거나 새롭게 접목 가능한 분야로 확대될 것으로 예측된다.

이렇게 OLED라는 신 광원 분야는 기존의 백열등과 형광등을 대체하면서 간판이나

15) LG디스플레이, OLED 응용처 확대…'조명부터 자동차까지'/디지털데일리
16) 'OLED 조명'이라고 들어는 보셨나요?/ZD Net Korea

가로등, 의료용, 차량용, 농업용, 어업용 등 다양한 분야에 적용될 수 있어, 경쟁력이 취약한 중소기업 위주로 전개 되어온 국내 조명산업을 새로운 성장 동력으로 이끌 수 있다.

OLED 조명이 커다란 픽셀을 사용하기 때문에 수율이나 특성을 측정할 수 있는 전용검사와 Repair장비가 필요하지만 국내외에 전용장비가 제대로 구축되어 있지 않아 개발이 필요한 분야이다. OLED에 대한 수요증대와 사용기판의 대형화로 인해 장비전문업체와 기존의 LCD, PDP 장비 업체들도 장비시장에 활발한 참여가 이루어지고 있다. 국내 업체인 동아엘텍, SNU 등의 중소기업과 세메스, 주성엔지니어링 등의 업체가 증착장비 개발에 참여하고 있다.

라) 등기구분야

배광을 제어하는 광학적 기능의 충분한 발휘와 사용의 편리성, 제작의 용이성, 디자인의 우수성이 특히 요구된다. 기구 내의 온도상승은 램프의 수명단축과 배선의 절연에 영향을 미치므로 유의해야 하며 용도에 따라 방습, 방진, 방폭 등의 기능성 제품이 있다. 등기구의 재료로는 유리, 플라스틱, 금속 등이 사용되는데 반사율, 투과율, 확산성과 강도, 내구성, 수분, 습기 및 변형가능성, 청소의 수월함 등이 선택 시 고려된다. 등기구는 형태와 용도, 구조 및 성능에 따라 직접조명과 간접조명, 반직접조명, 전반확산조명, 반간접조명 등 대체적으로 5종류로 분류되고 있다. 참여업체로는 LG화학, 금호전기, 필룩스 등이 있다.

04. OLED 시장 동향

4. OLED 시장 동향

한국디스플레이산업협회는 OLED 확산에 힘입어 2024년 전 세계 디스플레이 시장 규모가 올해보다 5.4% 증가한 1천228억 달러로 늘어날 것이라고 전망했다.

OLED는 기존 주력 시장인 TV, 스마트폰 이외에 IT, 차량용 등에 적용 확대되고 있다. 이에 따라 OLED 시장은 2007년 이후 연평균 26.5%로 성장해, 2024년에는 434억 달러 규모를 기록할 전망이다.

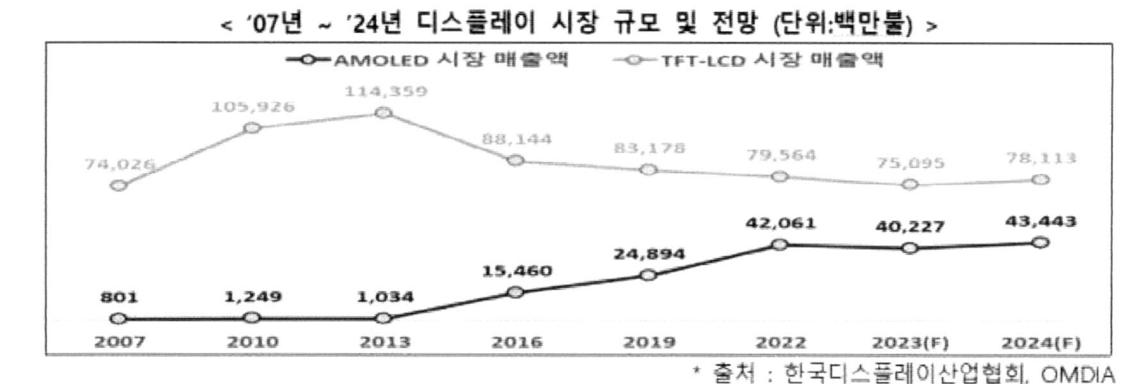

그림 44 2007~2024년 디스플레이 시장 규모 및 전망

반면 LCD 시장 규모는 2007년 740억 달러에서 2024년 781억 달러로 연평균 0.3% 성장률을 기록하면서 정체 상태를 면치 못할 전망이다.

특히 협회는 IT 등 신시장 분야의 OLED 적용 확대 및 일부 수요 회복이 내년에 긍정적인 영향을 미칠 것으로 내다봤다. 미국 애플이 내년부터 아이패드 최상위 라인업인 프로 모델(11인치, 12.9인치)에 OLED를 적용해 출시할 예정이기 때문이다.

협회는 "애플의 움직임은 아마존, 레노버 등 태블릿 경쟁업체에도 영향을 준다"며 "이에 태블릿에 OLED 패널을 적용하는 움직임은 가속화될 것으로 예상한다"고 밝혔다.[17]

17) OLED 시장 내년에도 성장세…"韓, 정부 지원으로 경쟁력 키워야". ZENET Korea. 2023.12.12

< 세계 디스플레이 시장 및 전망(금액기준) >

(단위: 억$)

디바이스		2019	2020	2021	2022	2023	2024	2025	2026	2027
LCD	전체	834	937	1,134	796	751	781	809	808	809
	비중	76.4%	75.0%	72.2%	64.8%	64.5%	63.6%	62.7%	60.7%	58.8%
	대형	550	679	918	653	644	686	713	710	710
	비중	65.9%	72.5%	81.0%	82.1%	85.7%	87.8%	88.2%	87.9%	87.8%
	중소형	284	258	216	143	107	95	95	98	99
	비중	34.1%	27.5%	19.0%	17.9%	14.3%	12.2%	11.8%	12.1%	12.2%
AMOLED	전체	249	306	430	421	402	434	463	493	517
	비중	22.8%	24.5%	27.4%	34.3%	34.5%	35.4%	35.9%	37.1%	37.6%
	대형	30	46	62	59	51	77	96	123	144
	비중	12.1%	14.9%	14.5%	14.1%	12.8%	17.7%	20.8%	25.0%	27.9%
	중소형	219	261	367	361	351	357	367	370	372
	비중	87.9%	85.1%	85.5%	85.9%	87.2%	82.3%	79.2%	75.0%	72.1%
Other		8	6	8	11	11	12	18	30	49
비중		0.8%	0.5%	0.5%	0.9%	1.0%	1.0%	1.4%	2.2%	3.6%
총합계		1,092	1,250	1,571	1,227	1,165	1,228	1,290	1,331	1,375

< 글로벌 디스플레이 시장 전망 (억달러) >

구분		2022년	2023년		2024년	
		실적	추정	YoY	전망	YoY
LCD		796	751	△5.7	781	4.0
	TV	207	261	26.1	282	8.0
	스마트폰	80	48	△40.0	35	△27.1
	IT	322	257	△20.2	263	2.3
	기타	187	185	△1.1	201	8.6
OLED		421	402	△4.5	434	8.0
	TV	43	34	△20.9	39	14.7
	스마트폰	330	322	△2.4	327	1.6
	IT	12	13	8.3	31	138.5
	기타	36	33	△8.3	37	12.1
Other		11	12	9.1	12	0.0
총합계		1,227	1,165	△5.1	1,228	5.4

* 출처 : OMDIA

그림 46 세계 디스플레이 시장 및 전망 (단위: 억 달러)

디스플레이 시장은 TV, 스마트폰 등 주요 전방제품이 성숙기에 진입함에 따라 전반적으로 시장의 성장세가 둔화되고 있다. 향후 수량(shipment)기준으로는 1%, 면적(area)기준으로는 5%내외의 성장에 그칠 것으로 전망된다.

가. OLED 조명 시장규모 및 전망

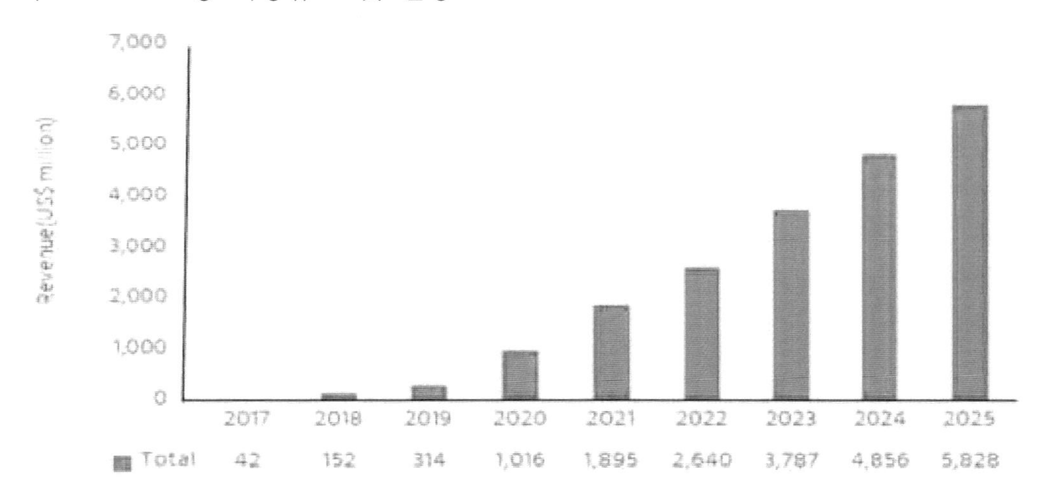

출처:ID Tech Ex

그림 47 OLED 조명(광원)시장 전망

OLED 전체 광원 출하량은 2017년 170만개에서 2025년 3.9억개로 연평균 약 97%의 성장률을 기록할 것으로 예상되며, 전체 광원 매출액은 2017년 4,200만 달러에서 2025년 약 60억 달러로 연평균 85%의 높은 성장률을 기록할 것으로 예상된다.

또한 국내 OLED 조명산업은 2020년 8,387억 원에 이르러 연평균 약 27%의 고성장을 보이며 전체 조명시장의 약 24%정도를 차지하였다. 이에 따른 경제적 파급효과는 약 9.2조원의 총생산유발액과 약 2.8조원의 부가가치유발액, 약 39.000명에 이르는 총고용 유발인원을 유발하는 효과를 나타냈다. 이러한 연구결과는 OLED 조명의 특성으로 인해 의료 및 자동차, 농업, 환경 등 다양한 분야로의 확대가 가능해짐으로 인한 전방연쇄효과[18]의 상승에 기인한 것이다.

OLED 조명은 유리 기판 및 Flexible 기판 모두에 적용 가능하며 OLED 조명의 가장 큰 특징인 디자인 자유도를 살리기 위해서는 **Flexible OLED**를 사용한다. 따라서 Flexible OLED조명 패널시장이 크게 성장할 것으로 예상된다.

18) 전방연쇄효과(forward linkage effect): 한 산업부문의 생산증가가 다른 산업부문에 중간재로 쓰여 그 산업의 생산을 증대시키는 영향의 정도를 의미.

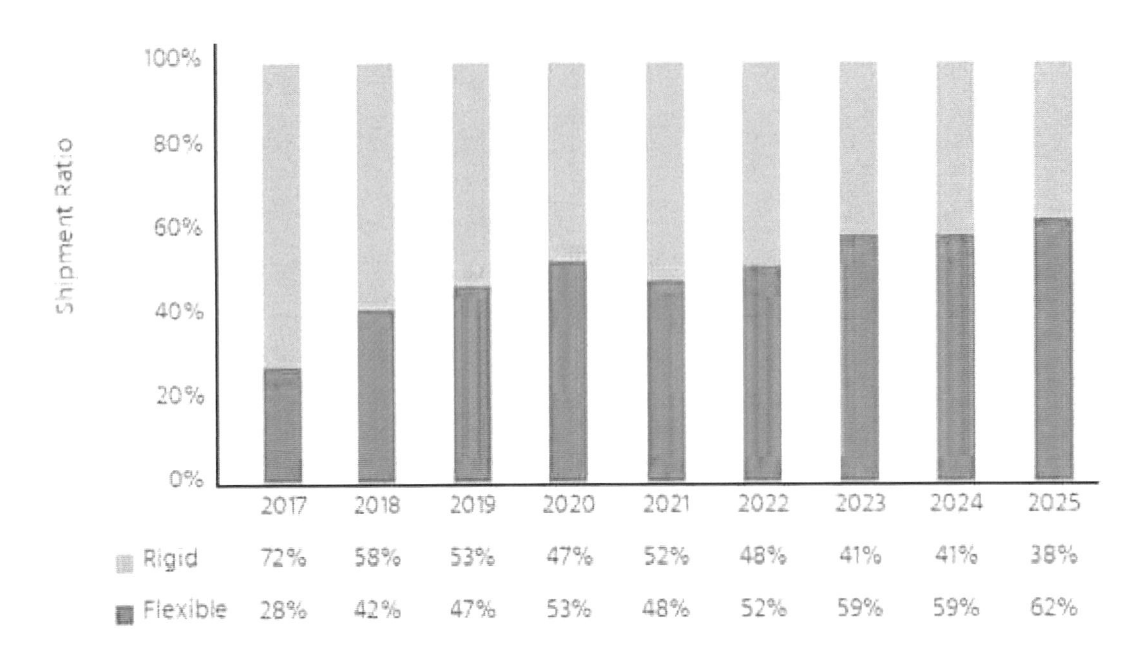

출처:ID Tech Ex

그림 48 기판별 OLED 조명(광원) 출하량 점유율 전망

리저드 OLED와 플렉시블 OLED분야로 나누어 보면, 리저드 OLED 광원 출하량은 2017년 120만개에서 2025년 1.5억개로 연평균 81%의 성장률을 기록할 것으로 예상되며, 플렉시블 OLED 광원 출하량은 2017년 50만개에서 2025년 2.4억개로 연평균 118%의 성장률을 기록하며 것으로 예상된다. 2017년부터 플렉시블 OLED 광원은 시장 점유율이 꾸준히 성장하여 2023년부터는 전체 OLED 광원시장의 70%이상을 차지할 것으로 예상된다. 이를 바탕으로 플렉시블 조명, 입는 조명 등의 신개념 조명 기구 개발을 통해, 효율, 수명, 저소비 전력 등의 특성이 바탕되는 기존 조명 시장의 판도 변화가 예상되며 신규 시장 창출 및 시장 확대가 가능할 것으로 예상된다.[19]

특히 건축물 일체형이나 구조물 일체형 조명 등의 특화조명 시장을 창출할 것으로 예상되며, 대부분 업체들은 Flexible OLED lighting을 최종목표로 연구개발을 진행중이다. 이에 Flexible OLED lighting 시장은 더욱 커질 것으로 예상된다.

이와 같은 OLED 조명시장은 대체적으로 다음과 같은 3단계의 과정을 거쳐 성장할 것으로 보인다.

첫 번째 단계는 **시장진입기**라 할 수 있으며 수요는 그다지 많지 않으나 고급화된 디자인 관점에서 시장에 진입하는 단계로 광원의 효율이나 크기, 수명 등의 기능은

19) OLED 조명 보고서(KU-DlaNA 작성)

대체적으로 기존의 제품과 비슷할 것으로 여겨진다. 2000년을 기점으로 연구개발 시기가 이에 해당한다.

두 번째 단계는 2012년 이후 2020년에 이르는 **양적 성장기**로 친환경/효율/저가공정을 기반으로 하면서도 디자인 측면이 강조되는 성장 추구 시기라 할 것이다.

마지막 단계는 2020년 이후 **변환기**로 예측할 수 있는 기존의 일반조명을 대부분 또는 완전히 대체하게 될 자연 친화형 안정기로 정의할 수 있을 것이다.

2017년에 설립된 로티는 최근 OLED 디스플레이 연구개발 경험을 바탕으로 프리미엄 OLED 조명을 소비자들에게 저렴한 가격으로 공급할 수 있는 혁신적인 제조공법을 개발했다. 주요 핵심기술로는 연속 증착이 가능한 Roll To Roll 공정, Photo-less Process, In-situ Mask Change Mechanism이 있다.

로티는 기존 OLED 제조방식을 물 및 유해화학물질을 사용하지 않는 친환경적인 All Dry Process 및 Direct Patterning 기술로 대체하여 공정을 대폭 축소했다.

또한 세계 최초로 연속 증착이 가능한 프로세스를 도입해 투자비를 줄이고 생산성은 높여 OLED 조명의 대중화에 기여하고 있다. 보유한 핵심기술과 관련한 5개의 특허등록을 완료했다.

OLED 조명은 인테리어 등 다양한 분야에서 기존 조명을 대체할 것으로 예상된다. 특히 로티의 PSCD 프로세스는 조명뿐만 아니라 향후 시장에서 주류를 이룰 스마트 유리, 전고체 배터리 및 태양 전지의 시장 확대에도 기여할 것으로 보인다.[20]

---

20) 혁신공정으로 OLED조명 대중화 앞장/한국일보

나. OLED 디스플레이 시장규모 및 전망

1) LCD와 OLED

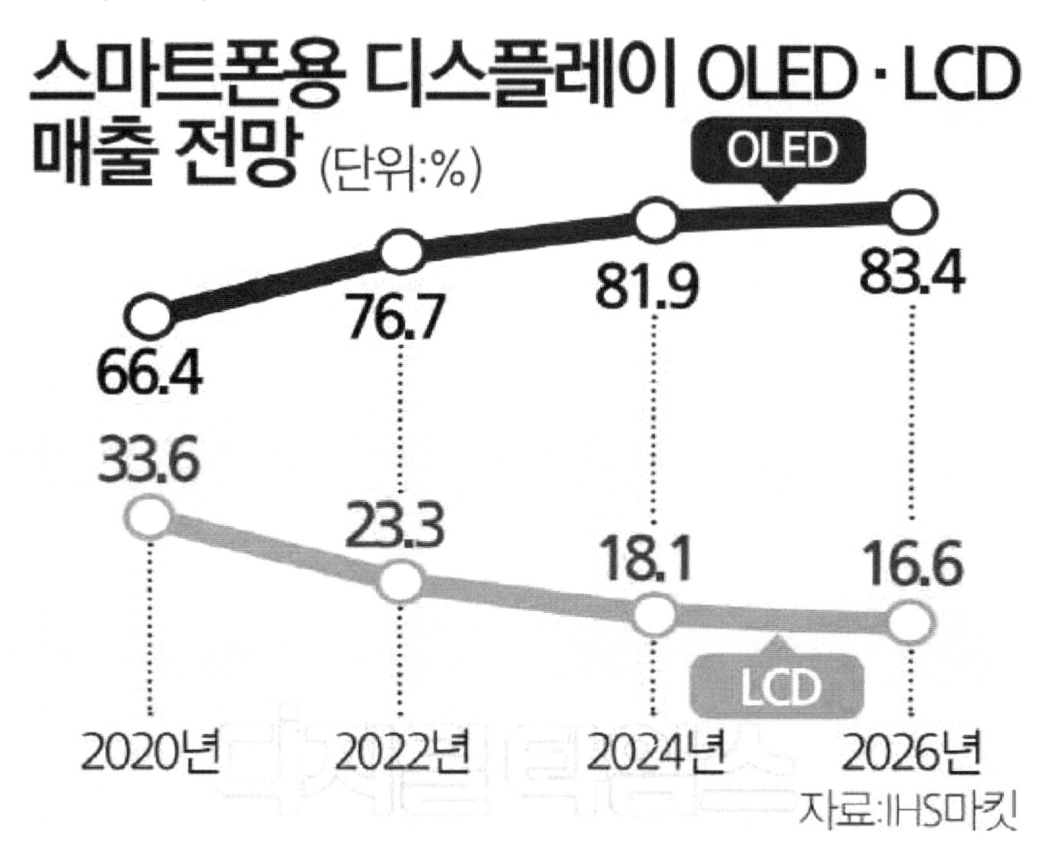

그림 49 스마트폰 디스플레이 시장 전망

영상기기의 화면을 구성하는 디스플레이 패널 시장의 주도권이 LCD(액정표시장치)에서 OLED(유기발광다이오드)로 옮겨가고 있다. 그동안 상대적으로 값싼 LCD가 90%에 가까운 압도적인 점유율을 보였지만, 스마트폰이나 태블릿, 웨어러블 기기에 속속 탑재 중인 OLED는 중소형 디스플레이를 중심으로 시장을 잠식해 가고 있는 중이다.

삼성, LG 등 국내 기업들이 주도하고 있는 OLED 패널 시장은 2018년부터 연평균 21%가량 성장해왔으며 2022년에 782억 달러(약 83조 6000억 원)규모로 커질 것이란 전망이 나왔다.

삼성디스플레이와 LG디스플레이 등 국내 업계가 OLED 디스플레이 분야로 중국과 대만 등 경쟁국 업체를 앞서고 있어 수익성에도 도움이 될 것이라는 전망이다.

스마트폰 디스플레이 시장점유율은 2019년을 기점으로 LCD에서 OLED로 전환되었으며 스마트폰 LCD는 50%이하로 하락세를 보이는 반면 OLED는 50%이상으로 고성장을 이루었다.

5세대 이동통신(5G) 스마트폰 시장이 빠르게 성장하면서 삼성디스플레이의 OLED 패널 수요도 가파르게 성장할 것이라는 전망이다. 관계자는 “스마트폰용 OLED 디스플레이 패널은 디자인의 강점은 물론 화면 베젤(테두리)을 없애고 각종 센서를 디스플레이에 내장할 수 있는 OLED 기술이 주목받을 전망"이라고 말한다.

또 5G 모뎀칩, 대용량 배터리, 냉각장치 등을 위한 공간을 확보하면서 LCD보다 얇고 가벼운 OLED에 눈길이 갈 수밖에 없다는 설명이다. 2019년 디스플레이메이트(Displaymate)는 화질 평가에서 삼성디스플레이의 플렉시블 OLED를 적용한 구글의 스마트폰 '픽셀4 XL'에 최고등급인 '엑설런트 A+'를 부여했다.

이 같은 성능 우위로 삼성전자를 비롯해 중국 화웨이, 샤오미, 비보, 오포 등 5G 스마트폰 제조사들은 모두 최신 스마트폰에 OLED 디스플레이를 선택하고 있다. 시장조사업체 IHS마킷에 따르면 글로벌 스마트폰용 디스플레이 시장에서 삼성의 OLED는 출하량 기준 점유율 86%로 독점 지위를 유지하고 있다.[21)]

다음은 대형 디스플레이 시장 전망이다.

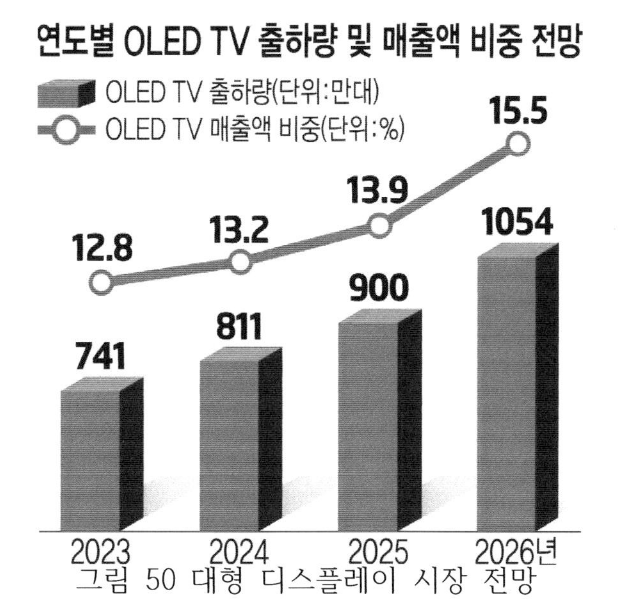

그림 50 대형 디스플레이 시장 전망

21) 5G스마트폰 성장에 OLED `잭팟` /디지털타임스, 박정일

시장조사업체 옴디아에 따르면 지난해 글로벌 TV 시장에서 651만대 출하량을 기록했던 OLED TV는 올해 741만대를 넘어 매년 꾸준히 성장해 오는 2026년 1054만대까지 늘어날 것으로 예상된다.

OLED TV는 지난 2013년 처음 4400대로 출하량 통계에 잡힌 이래 10년 만에 약 1500배 성장했다. 이어 앞으로 3년 뒤면 연간 1000만대 이상 공급되며 프리미엄 TV 시장을 주도할 것으로 보인다.

LCD TV에 비해 상대적으로 가격이 비싼 OLED TV의 매출 비중은 지난해 10.8%에서 2026년 15.5%까지 확대된다. 2026년 기준 출하량으로는 5% 정도지만 가격이 높기 때문에 매출로 보면 그 세 배에 해당하는 점유율을 기록할 전망이다.[22)]

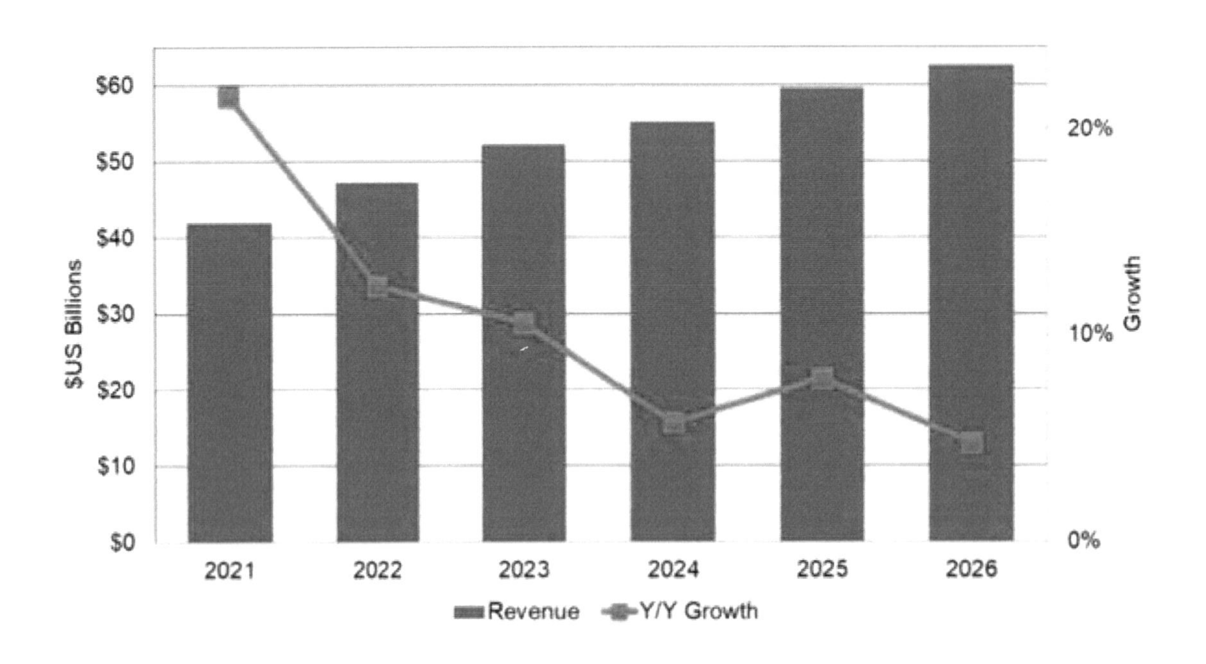

또한 시장조사업체 DSCC의 조사에 따르면 지난해 OLED 패널 시장 규모는 425억 달러(약 50조6,000억원)의 매출을 기록했다. 현재 추세대로라면 이 시장 규모는 연평균 8% 성장해 오는 2025년에는 630억 달러(약 75조1,000억원)에 이를 것으로 DSCC는 전망했다.

DSCC는 스마트폰을 비롯해 노트북·태블릿PC 등 모바일 디바이스 제품과 OLED TV에 이르기까지 광범위한 영역에서 사용되는 OLED의 수요는 전점 늘어날 것이며 이에 따라 가파른 성장세가 이어질 것이라고 예상했다. DSCC는 OLED 패널 시장에서 가장 높은 매출 비중을 차지하는 스마트폰용 OLED가 2025년까지 연평균 6% 성

22) 3년 뒤 OLED TV 1000만대, 금액 비중 15% 돌파 전망. 전자신문. 2023.03.14

장할 것으로 예상했다.[23)]

세계에서 유일하게 대형 OLED를 공급하고 있는 LG디스플레이가 파주와 함께 양대 핵심 생산기지로 준비 중인 중국 광저우 OLED 공장이 본격 가동될 전망이다. 예기치 않은 신종 코로나바이러스 감염증(코로나19) 확산으로 2020년 1분기 가동 예정이었던 공장 가동 시기는 약간 뒤로 밀렸지만, 파주와 합쳐 8.5세대(유리기판 크기 2500X2200㎜) 기준 최대 월 13만장 규모의 생산능력을 갖추게 되는 것이다.

삼성디스플레이가 대형 디스플레이 시장에서 LCD(액정표시장치)를 2022년 6월까지 생산 중단하고 OLED TV 시장에 재진입한 삼성전자는 퀀텀닷(QD)-OLED 패널 생산 수율이 90%까지 올라감에 따라 출하량 확대가 기대된다. 업계는 삼성전자 OLED TV 출하량이 내년까지 200만대 수준으로 확대할 수 있을 것으로 보고 있다. 만약 삼성전자와 LG디스플레이의 협력이 성사되면 이보다 더 커질 가능성도 있다. 삼성전자 OLED TV는 인공지능(AI) 프로세서를 탑재해 패널의 장점을 유지하면서 한계로 지적된 밝기 부문을 개선했다.

LG전자는 OLED TV 진영 중에서도 선도적으로 롤러블(화면이 돌돌 말리는), 월페이퍼 같은 혁신 디자인 제품을 내놓으며 OLED의 강점을 극대화한 디자인 혁신 전면에 서 있다. OLED는 LCD와 달리 스스로 빛을 내기 때문에 별도의 광원이 필요 없어 패널을 극도로 얇게 만들 수 있는 장점이 있다.[24)]

또한 LG전자는 2023년 출시한 TV 신제품을 기반으로 사업 내 올레드 비중을 35% 이상으로 확대한다는 계획이다. LG전자는 다양한 외형과 40~90형대를 아우르는 업계 최다 라인업을 갖췄다. 밝기 향상 기술을 기반으로 전보다 70% 더 밝고 선명해진 3세대 패널을 사용한 것도 무기다. LG전자는 고도화된 하드웨어를 기반으로 고객 개개인에 맞춘 시청 경험을 확대한다. 독자 소프트웨어 플랫폼인 웹OS를 결합해 고객경험 개인화를 가속한다.

LG디스플레이의 TV 패널 시장 순위가 2020년 1년 만에 2위에서 6위로 4계단 떨어졌다. LG디스플레이 TV 패널 출하량은 수익성이 저조한 액정표시장치(LCD) 사업을 재편하면서 전년 동기 대비 절반 수준으로 줄었다. LG디스플레이와 삼성디스플레이의

---

23) OLED 패널 시장규모 2026년 '75조원' 예상…DSCC "LG-삼성디스플레이, 수혜입을 것"
24) 대형 OLED로 글로벌 시장 주도하는 LG/조선비즈

LCD 공백은 BOE, CSOT, 이노룩스 등 중화권 업체가 차지했다.

시장조사업체 트렌드포스에 따르면 2020년 상반기 LG디스플레이의 TV 패널 출하량은 1180만개로, 전년 동기(2296만개) 대비 48.6% 감소했다. TV 패널 상위 7개 제조사 중 가장 감소폭이 컸다. LCD 사업 중단을 선언한 삼성디스플레이(5위·1213만대)보다도 낮다.

LG디스플레이는 2019년 말부터 국내 LCD 생산규모를 감축했다. 코로나19 여파로 TV 패널 수요가 부진한 가운데 수익성이 저조한 7세대 공장 생산능력이 크게 줄었다. LG디스플레이 LCD TV 패널 시장 입지는 더 줄어들 것으로 보인다. 중국 BOE가 두 번째 10.5세대 공장인 우한 B17 양산을 본격화하고 CSOT가 올 연말부터 두 번째 10.5세대 공장인 선전 T7 라인 가동을 시작한다.

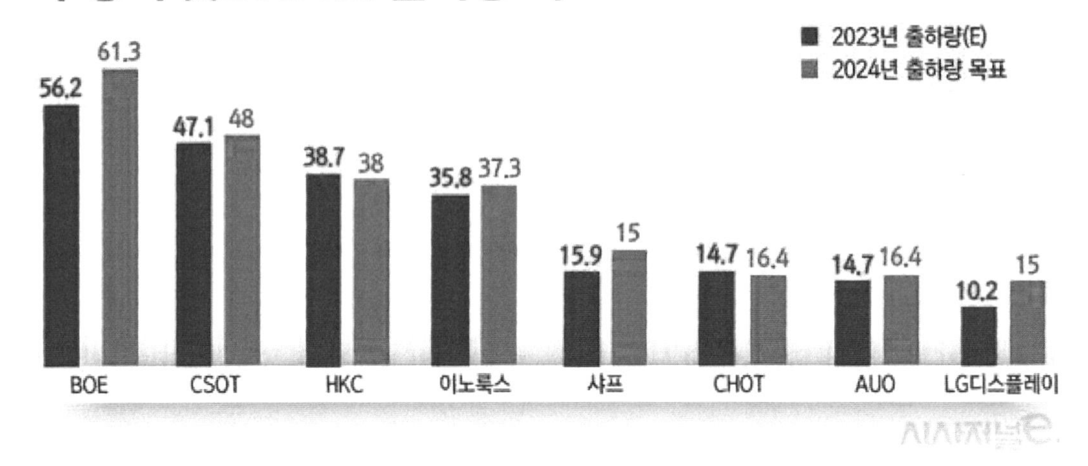

그림 52 업체별 2023년 LCD패널 출하량 및 2024년 출하량 목표

'탈LCD'에 나선 LG디스플레이와 삼성디스플레이 공백은 중국 업체들이 차지했다. 중국 BOE, CSOT, HKC 등 3개사 TV 패널 시장 점유율은 지난해 38.3%에서 올 상반기 45.3%까지 치고 올라왔다. 올 상반기 출하된 TV 패널 중 절반 가까이가 중국산이란 의미다.

2021년을 기점으로 중국 패널 업계 TV 패널 시장 점유율은 보다 확대될 전망이다. 삼성디스플레이는 연내 LCD 패널 사업을 중단한다. 국내 LCD 공장은 QD 생산라인

으로 전환하고 중국 쑤저우 LCD 공장은 매각할 것으로 관측된다. [25)]

TV용 디스플레이 시장 선두권 다툼

단위: %, 매출 기준 점유율, 2022년 1분기부터 전망치

	BOE(중국)	LG디스플레이(한국)	차이나스타(중국)
2021년 1분기	22.0	18.2	15.7
2분기	21.5	19.0	16.3
3분기	22.1	19.1	18.7
4분기	20.6	23.8	18.3
2022년 1분기	21.7	22.6	19.2
2분기	20.6	23.5	18.0
3분기	20.5	25.3	17.5
4분기	21.3	24.1	17.7

자료: 옴디아 The JoongAng

그림 53 TV용 디스플레이 시장 매출 점유율

LG디스플레이가 2021년 4분기 TV용 디스플레이 시장에서 중국 BOE를 제치고 세계 1위를 다시 되찾았다. OLED 패널 판매가 증가하면서 2020년 4분기 이후 1년 만에 선두를 탈환했다는 분석이다. 올해도 이 회사 OLED 사업의 성장세는 계속 이어질 것이란 전망이다.

2) 플렉시블 OLED

그림 54 플렉시블 OLED(출처: 삼성전자)

25) LGD, TV 패널 점유율 순위 1년만에 2위에서 6위로/시사저널e,윤시지

'플렉시블 OLED'란 접거나 둘둘 말 수 있는 차세대 디스플레이다. 플렉시블 OLED 혁명의 근간에는 소재의 전환이 있다. 전통적인 OLED, 일명 '리지드(딱딱한) OLED'는 디스플레이 하부기판과 보호역할을 하는 봉지재료가 유리다.

하지만 플렉시블 OLED는 유리 기판 대신 하부기판에 PI(폴리이미드)를 사용한다. 유리 봉지 대신 얇은 필름인 박막봉지 (TFE)가 활용된다. PI는 일종의 플라스틱 소재로 유연성을 갖추고 있으면서도, 유리처럼 그 위에 유기물 층을 쌓을 수 있다. TFE는 기존의 유리를 대신해 유기 발광층 상단을 덮어 공기와 습기를 막아주는 역할을 함과 동시에 유연성을 살렸다.

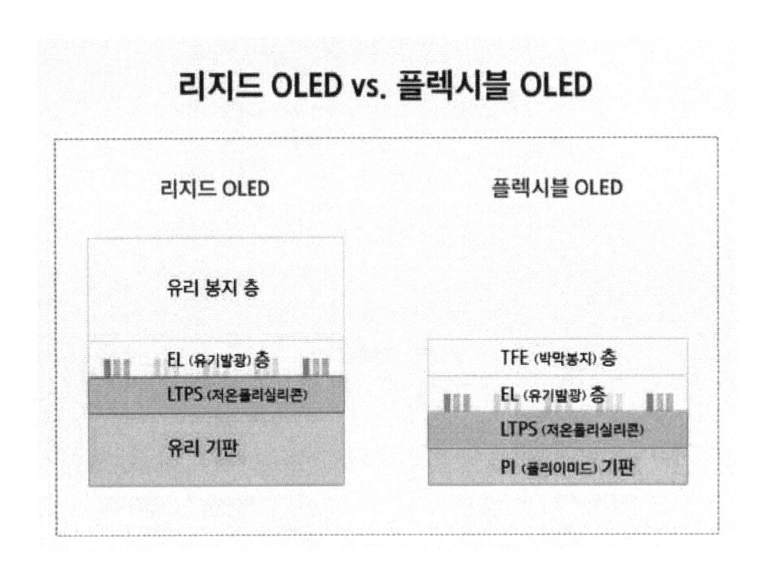

그림 55 리지드OLED와 플렉시블 OLED

플렉시블 OLED의 적용 대상은 스마트폰뿐만 아니다. 손목시계, 안경 형태의 웨어러블 스마트기기, HUD 등 자동차용 디스플레이, 사이니지(디지털 전광판) 등 다양한 분야에 적용될 전망이다.[26)]

전 세계적으로 **소형 플렉시블 OLED** 디스플레이 패널을 개발 중에 있다. 이에 전문가들은 플렉시블 패널 시장이 본격적인 개화기를 맞을 것으로 보고 있다. 점차 플렉시블 패널을 활용한 스마트폰과 스마트워치의 출시가 늘 것으로 예상되기 때문이다.[27)]

---

26) 출현 임박 '플렉시블 OLED', 삶을 바꾼다/헤럴드경제
27) 자료 : 파이낸셜뉴스, 플렉시블 OLED패널 시대 임박, 2015.

구분	2018	2019	2020	2021	2022	2023	2024	2025	2026	CAGR(%)
OLED	11,155	12,734	14,509	16,109	17,135	18,115	19,332	20,524	21,677	8.7
LCD	1,800	1,944	1,971	2,036	2,163	2,288	2,408	2,521	2,625	4.8
계	12,955	14,678	16,480	18,145	19,298	20,403	21,740	23,045	24,301	8.2

그림 56 플렉시블 디스플레이 시장규모 및 전망 (단위: 백만 달러)

플렉시블 디스플레이 세계시장은 2018년 129.5억 달러에서 2026년 243.0억 달러로 연평균성장률은 8.2 %로 예상되며, 이중OLED 시장은 2018년 111.5억 달러에서 2026년 216.7억 달러로 연평균 8.7 %로 성장성이 매우 높으나 LCD는 2018년 18.0억 달러에서 2026년 26.2억 달러로 연평균성장률이 4.8 %로 OLED 보다 상대적으로 낮을 것으로 예상된다.

구분	2018	2019	2020	2021	2022	2023	2024	2025	2026	CAGR(%)
스마트폰/테블릿	10,499	11,796	13.314	14,655	15,493	16,288	18,310	11,155	19,262	7.9
TV	187	316	418	512	626	737	844	957	1,075	24.4
스마트워치	290	365	424	424	424	500	517	531	543	8.2
사이니지	98	119	98	175	184	191	202	213	223	10.8
기타	79	139	206	282	339	398	454	513	574	28.1
계	11,155	12,734	14,509	16,109	17,135	18,115	19,332	20,524	21,677	8.7

그림 57 OLED 기반 플렉시블 디스플레이 시장규모 및 전망

제품군별 플렉시블 디스플레이 시장을 살펴보면, 2018년 세계시장 점유율이 94.1 %인 OLED 기반 플렉시블 디스플레이 시장의 주요 제품은 스마트폰/테블릿이며, 2018년 104.9억 달러에서 2026년 192.6억 달러로 연평균성장률은 7.9 %로 예상되고, 다음으로 성장률이 높은 제품은 TV가 24.4 %, 시장규모가 큰 제품으로는 스마트워치로 2018년 2.9억 달러에서 2026년 5.4억 달러로 연평균성장률이 8.2 %로 예상된다

구분		2018	2019	2020	2021	2022	2023	2024	2025	2026	CAGR(%)
북미		6,735	7,025	6,994	7,125	7,241	7,333	7,582	7,791	7,955	2.1
유럽		38	45	67	91	116	143	167	193	220	24.8
APAC		4,379	5,660	7,443	8,886	9,771	10,632	11,575	12,532	13,492	15.1
기타		4	4	5	6	7	7	8	7.8	7.9	10.3
계		11,155	12,734	14,509	16,109	17,135	18,115	19,332	20,524	21,677	8.7
한국	시장	3,703	4,156	4,416	5,291	5,697	6,060	6,507	6,949	7,384	9.0
	비율(%)	33	33	30	33	33	33	34	34	34	-

그림 58 OLED 기반 지역별 플렉시블 디스플레이 시장규모 및 전망

지역별 시장규모로는 2018년 기준 세계시장이 가장 높은 시장은 북미시장으로 2018년 67.3억 달러에서 2026년 79.5억 달러로 연평 균성장률은 2.1 %로 예상되고, 다음으로는 APAC시장으로 2018년 43.7억 달러에서 2026년 134.9억 달러로 연평균성장률이 15.1 % 로 예상된다. 한국의 경우에는 2018년 37.0 달러(33 %)에서 2026년 73.8억 달러(34 %)로 연평균성장률이 9.0 %로 예상된다.

3) 폴더블 디스플레이

국내 플렉시블 디스플레이 시장을 주도하고 있는 삼성전자는 2016년 롤러블 디스플레이 시제품 제작, 2017년 양방향 신축이 가능 한 9.1 인치 스트레처블 디스플레이 시제품 제작, 이어서 2019년 폴더블 폰을 출시해 50만대 판매, 2020년 폴더블 폰Z Fold2, 2021년 폴 더블 폰 Z Fold3 및 플립형 Z Flip3를 출시하면서 세계시장 점유율이 2020년 86%, 2021년 88 %로 플렉시블 디스플레이 시장을 주도하고 있다.[28)]

2019년 접을 수 있는 '폴더블' 스마트폰의 등장으로 핵심부품인 폴더블 OLED 패널 양산 무한경쟁에 돌입하였다.

폴더블 스마트폰 구현의 관건은 자유자재로 펼 수 있는 디스플레이 기술이다. 기존 LCD의 경우 별도의 백라이트가 필요하기 때문에 폴더블 디스플레이 구현이 어렵다. 이 때문에 현재로서는 자발광 소자 기반의 OLED만이 대안으로 부각된다. 중소형 및 대형 OLED 패널 시장을 일찌감치 선점한 한국이 폴더블 스마트폰 출시 경쟁에서 가

28) 플렉시블 디스플레이 평판 디스플레이를 뛰어넘어 탈평판 디스플레이로 전환 가속화. ASTI MARKET INSIGHT.

장 앞서 있다는 평가를 받는 이유이기도 하다.

특허청에 따르면, 폴더블 디스플레이 관련 특허출원은 2012년 13건에서 2019년 263건으로 연평균 1.54배씩 증가했으며, 특히, 최근 2년 동안(2018~2019년)의 특허출원 건수는 직전 2년(2016~2017년)에 비해 약 2.8배(145건→403건) 증가한 것으로 나타났다.

출원인을 유형별로 살펴보면, 대기업 497건(73.2%), 중소기업 85건(12.5%), 외국기업 46건(6.8%), 개인 38건(5.6%), 대학 및 연구소 13건(1.9%) 순으로, 대기업이 특허출원을 주도하고 있는 것으로 조사됐다.[29)]

주요 기술별 출원 동향도 디스플레이를 접고 펴는 기술은 물론 내구성 관련 기술, 폴딩 상태에 따라 사용자 인터페이스(UI)를 구현하는 기술 등 폴더블 스마트폰에 특화된 새로운 기술이 대다수이다.

이 중 폴더블 OLED패널 구현을 위해 넘어야 할 가장 큰 장벽은 내구성이다. 휘거나 구부릴 수 있는 OLED 패널은 이미 5년 전 개발됐지만, 수만 번 접었다 펴도 외관 변형 없이 처음과 같은 수준의 화질을 지속하는 수준의 내구성이 뒷받침돼야 한다. 스마트폰을 하루 평균 200회쯤 들여다본다고 하면 1년에 7만 번 이상 접었다 펴도 이상 없는 재구성이 필요하다.

29) 폴더블 디스플레이 특허 출원 증가세!/더코리아뉴스

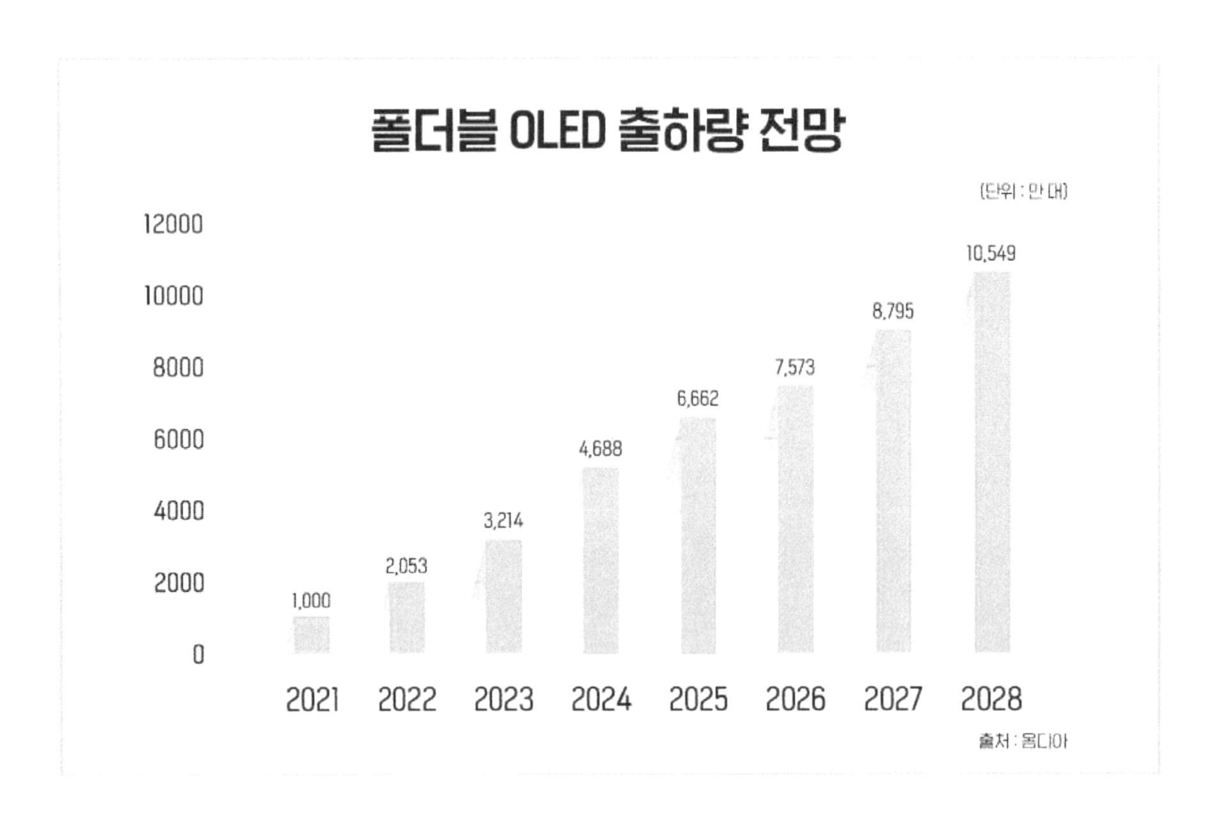

그림 59 폴더블 OLED 출하량 전망

글로벌 시장조사기관 옴디아에 따르면 폴더블 OLED 출하량은 올해 천만 개에서 2028년 1억 549만 개로 늘어나, 10배가 넘는 규모가 될 것으로 전망됐다. 연평균 40%가 상승하는 가파른 성장률(CAGR)이며, 연간 매출액도 약 12조원에 이를 것으로 예상했다.

2021년 OLED 디스플레이 시장에서 폴더블이 차지하는 비중은 약 1.6%이었다. 2028년에는 12.4%의 점유율을 차지할 것으로 예상된다, 전체 OLED 스마트폰 10대 중 1대 이상에 폴더블 OLED가 적용되는 셈이다.

특히 같은 기간 바(Bar) 타입의 전통적 스마트폰의 연평균 성장률 3.1%와 비교했을 때, 40%의 성장률은 폴더블 OLED가 정체된 스마트폰 패널 시장의 확실한 성장 동력으로 자리잡을 것이라는 예측을 가능하게 한다.[30]

30) 폭풍 성장 전망되는 폴더블 스마트폰 시장, 2028년 폴더블 OLED 1억개 시장 열린다!. 삼성전자 뉴스룸.

05. OLED 기술개발 동향

5. OLED 기술개발 동향

가. 국내

1) 삼성 디스플레이

조사기관 옴디아에 따르면 전 세계 OLED TV 누적 출하량은 2022년 4월 기준 2000만대를 넘어섰다. 2013년 OLED TV가 시장에 처음 출시된 후 거의 10년 만에 거둔 성과다. 옴디아는 올해 4월 전 세계 OLED TV 누적 출하량이 2035만8000대에 달할 것으로 예측했다. 출하량 증가 속도도 점차 빨라지고 있다. OLED TV 누적 출하량이 1000만대를 넘긴 시점은 2020년 9월로 첫 출시 후 7년여가 걸렸다. 하지만 누적 출하량이 1000만대에서 2000만대로 두 배 늘어나기까지는 2년이 채 걸리지 않았다.[31]

가) 플렉시블 OLED

플렉시블 OLED가 디스플레이 시장에서 급부상하고 있는 가운데 삼성이 좀처럼 **깨지지 않는 플렉시블 OLED** 윈도우를 개발해 화제다.[32]

현재 상용 플렉시블 디스플레이는 깨지지 않는 플라스틱 기판을 사용하지만, 유리소재의 커버 윈도우가 문제다. 외부로부터 강한 충격을 받으면 커버 윈도우가 깨지기 때문이다.

이에 삼성디스플레이는 깨지지 않는 스마트폰용 OLED 패널을 개발, 미국 산업안전보건청 공인 시험 및 인증기관인 UL로부터 인증을 받았다고 밝혔다.

삼성디스플레이는 플렉시블 OLED 패널에 플라스틱 소재의 커버 윈도우를 부착해 기판과 윈도우 모두 깨지지 않는 완벽한 '언브레이커블(Unbreakable)' 패널을 완성했다고 설명했다.

조사기관 옴디아에 따르면 2020년 기준 글로벌 중소형 OLED 시장 점유율은 삼성디

---

31) 세계 OLED TV 출하량 2000만대 넘었다/매일경제
32) 삼성, 안깨지는 플렉시블OLED 개발..."응용분야 무궁무진"/위클리 오늘

스플레이가 73.1%로 압도적이다. 이어 LG디스플레이가 12.3%의 점유율을 기록하고 있다. 3위는 중국 BOE로 8.7%다. 이에 삼성디스플레이는 2021년 충남 아산 탕정캠퍼스에 A4E로 불리는 6세대(1500×1850) 중소형 OLED 생산라인을 새롭게 만드는 등 중소형 OLED 투자를 늘리고 있다. 과감한 시설투자를 통해 세계 1위 지위를 유지한다는 전략을 세웠다.[33)]

삼성디스플레이는 2007년 세계 최초로 OLED 양산을 시작했고 첨단 기술인 플렉시블 OLED 개발과 양산에서도 글로벌 선두를 지켜오고 있다며 중소형 OLED 패널 시장에서 초격차 기술 리더십을 확고히 하고 있다고 전했다.

2019년 9월 삼성전자가 '갤럭시폴드'를 출시하며 폴더블 스마트폰 시장에서 가장 먼저 완성된 제품을 내놓으면서 주도권을 잡았다. 갤럭시폴드는 사실상 세계 최초 폴더블폰으로 자리매김했다. 2018년 10월 중국 로욜이 '플렉시 파이'를 선보였지만 스마트폰으로 쓰기에 무겁고 화면을 접고 펼 때 뻑뻑한 느낌이 드는 등 완성도가 떨어진다는 비판을 받으면서 양산에 실패했기 때문이다.

갤럭시 폴드는 결함을 전부 보완하면서 완성도 논란을 불식시켰다. 사용자가 화면 보호막을 임의로 제거할 수 없도록 안쪽으로 밀어 넣고, 이물질이 들어갈 수 있어 취약하다고 지적받았던 힌지 부분은 상·하단에 보호 캡을 새롭게 적용해 내구성을 강화했다. 힌지 구조물과 갤럭시 폴드 전·후면 본체 사이 틈도 최소화했다.

또한 2021년 8월 삼성은 세 번째 폴더블 폰인 갤럭시Z 폴드3와 플립3를 출시했다. Z폴드3에는 S펜 지원이 추가됐다. 메인 디스플레이는 해상도 2208×1768을 지원하는 고가의 7.6인치 화면이다. 커버에는 베젤이 거의 없이 6.2인치 다이내믹 AMOLED 화면이 추가됐다. 2268×832 해상도에 120Hz 재생률로 빠른 화면 반응을 지원한다.

Z 플립3은 접었을 때 커버에는 1.9인치 슈퍼 AMOLED 화면이 들어가 전작보다 4배 더 커졌다. 알림과 문자를 확인하고 다양한 위젯을 확인할 수 있는 작은 화면 역할을 한다. Z 플립3의 카메라는 폴드에 비해 다소 떨어진다. 전면 셀피 카메라는 1,000만 화소, 80도 화각을 지원한다. 후면에는 123도 화각에 1,200만 화소의 울트라 와이드와 1,200만 화소, 78도 화각, 듀얼 픽셀 오토포커스와 광학 손떨림을 지원하는 와이드 앵글 카메라가 들어갔다.[34)]

---

33) 삼성디스플레이, 중소형 OLED 올인… 4兆 시설투자 나선다/조선비즈

삼성디스플레이의 Flex S는 삼성디스플레이가 기존에 보유하고 있던 안으로 접는 인폴딩(In-Folding) 방식에 바깥으로 접는 아웃폴딩(Out-Folding)방식을 덧붙여 앞뒤로 한 번씩 접히는 형태를 구현한 것이다.

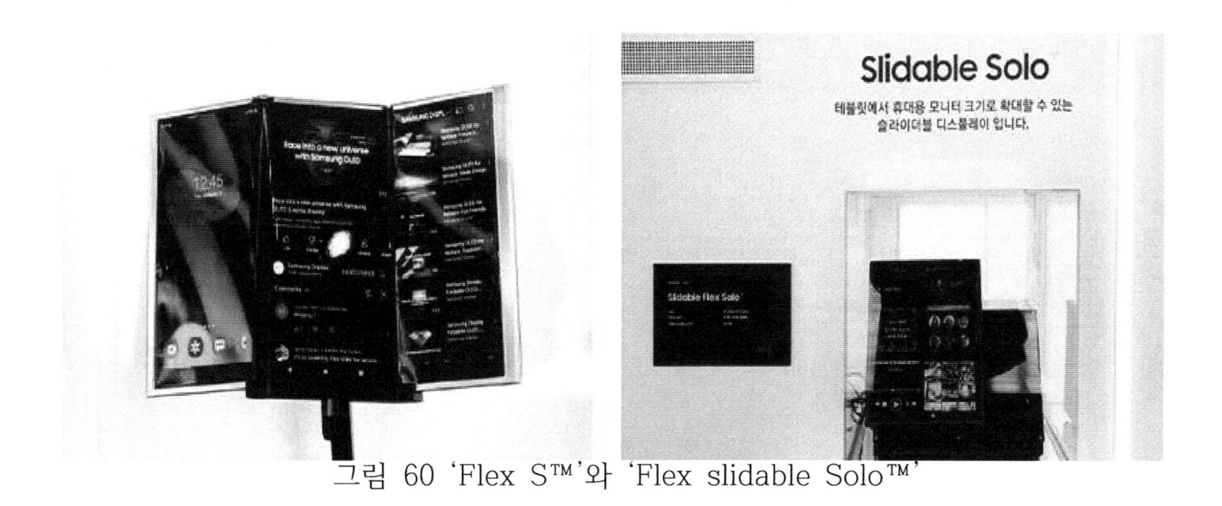

그림 60 'Flex S™'와 'Flex slidable Solo™'

바깥쪽으로도 접을 수 있어 단면 스마트폰의 장점과 폴더블 스마트폰의 장점을 동시에 갖춘 제품이다.

나) 차량용 OLED

최근 삼성은 차량용 OLED 시장의 성장세에 주목하고 있다. 중소형 OLED 시장이 매우 빠른 속도로 성장하고 있는데, 이는 전기차의 보급과 관련이 높다는 것이다.

현재 100만대정도로 추산되는 차량용 OLED 탑재량도 2022년에는 300만장 이상으로 성장할 것이라는 예상도 더해졌다.

또한 OLED가 LCD보다 50%나 전력소모가 적어 배터리 소모를 줄여야하는 전기차에 유리한데다 응답속도가 빠르고 휘어지는 디자인 등이 가능하다는 점 등이 이런 전망의 근거다.

차량용 OLED 시장의 급성장은 현재 2차 전지를 제조하면서 OLED 소재까지 생산하는 삼성SDI의 삼성 그룹 내 존재감을 더욱 높여주고 있다.[35]

---

34) '폴더블 폰의 진화는 계속된다' 삼성 갤럭시 Z 폴드3·플립3 공개/아이티월드
35) 전장사업 숨은 보석된 '삼성SDI'/한국경제TV

따라서 삼성디스플레이는 미국 LA 컨벤션센터에서 국제정보디스플레이학회(SID)가 주최하는 'SID 2018' 전시회에 참가해 미래 성장 동력으로 불리는 차량용 디스플레이 제품을 대거 선보인바 있다.

삼성디스플레이는 롤러블 중앙정보디스플레이(CID), S-커브드 CID를 비롯해 운전자의 안전을 고려한 언브레이커블 디스플레이와 입체형 디지털 계기판에 적용할 수 있는 무안경 3차원(3D) 디스플레이까지 미래 자동차의 핵심부품이 될 차량용 플렉시블 유기발광다이오드(OLED)를 다양하게 소개했다.

롤러블 CID는 삼성디스플레이의 플렉시블 OLED 기술력이 집약된 제품으로 롤링 정도에 따라 화면의 크기를 최소 9형에서 11.8형, 최대 14형까지 3단계로 조절할 수 있다. 또한 터치만으로 내비게이션, 음악 감상, 웹서핑 등 다양한 기능을 간편하게 조작할 수 있다.[36]

삼성디스플레이의 CES 2024에서 최초로 공개한 'Flex Note Extendable™'은 폴더블, 슬라이더블 기술이 결합된 제품으로, Flex Note 제품에 Slidable이 추가된 형태이다. 접혀 있는 폴더블 패널을 펼친 뒤 슬라이딩 방식으로 한 번 더 화면을 확장할 수 있다는 것이 특징이다.

그림 61 CES2024에서 공개된 Flex Note Extendable™

완전히 접었을 때는 12형 크기인 'Flex Note Extendable™'은 한쪽을 펼치면 14.8형(1:1 화면비)으로, 다른 한쪽 화면까지 당기면 17.3형(4:3 화면비)으로 확장이 가능

36) 삼성디스플레이미래성장 동력 '차량용 OLED' 대거 전시/파이낸셜뉴스

해 목적에 따라 화면비를 바꿔가며 다양한 UX를 경험할 수 있다. 이 제품을 자동차에 장착할 경우 CID로서 내비게이션으로 활용할 수 있으며, 차 안에서 업무를 볼 때 노트북을 활용하거나 최대로 펼쳐 영화를 시청할 수도 있다. 제품을 사용하지 않을 땐 화면 크기를 최소화해 차량 내부 인테리어를 해치지 않는 것 또한 장점이다.

2) LG 디스플레이

2015년 LG화학 OLED 조명사업부가 LG디스플레이로 통합되었다. LG그룹은 차세대 성장 동력으로 OLED 사업을 지목하고, 계열사로 분산되어 있었던 OLED 사업 역량을 합쳐 사업을 확장시켰다.

차량용 OLED 시장에서 LG디스플레이가 1위를 달리고 있다. 2019년 기준 연간 10조원 규모의 차량용 디스플레이 시장에서 처음으로 1위를 기록했다. 독일 메르세데스-벤츠와의 협업을 이어가면서 지속해서 점유율은 늘어난 것으로 관측된다. 2021년 3분기 기준 옴디아의 전망치는 20%대다. 이 외에도 모니터, 노트북·태블릿에서도 20%대 점유율을 기록하고 있다.[37]

가) 폴더블 OLED

2021년 1월 LG의 첫 롤러블폰 'LG롤러블(LG Rollable)'의 첫 실물과 구동되는 모습이 공개되었다. LG롤러블은 화면이 돌돌 말리는 형태의 새로운 폼팩터 스마트폰이며 평상시에는 기존 스마트폰과 똑같이 사용하지만, 큰 화면이 필요할 때 한쪽에 돌돌 말려 있던 화면을 펼쳐 태블릿PC처럼 사용할 수 있다.

이후 LG디스플레이는 2022년 5월 미국 새너제이에서 열리는 'SID(국제정보디스플레이학회) 2022' 전시회에서 한층 진화한 OLED 신기술을 대거 공개했다.

최초로 공개하는 '8인치 360도 폴더블 OLED'는 단방향 폴딩보다 기술 난이도가 높은 양방향 폴딩을 실현해 사용자가 원하는대로 앞뒤로 모두 접을 수 있다. 20만번 이상 접었다 펴도 내구성을 보장하는 모듈 구조와 접는 부분의 주름을 최소화하는 특수 폴딩 구조를 적용했다.

---

37) 삼성·LG, '제2 반도체'로 떠오른 OLED 주도권 경쟁 치열/조선비즈

종이처럼 얇은 OLED만의 강점을 극대화한 '42인치 벤더블 OLED 게이밍 디스플레이'는 최대 1000R(반경 1,000㎜ 원의 휘어진 정도)까지 자유롭게 구부렸다 펼 수 있는 제품이다. TV를 볼 땐 평면으로, 게임을 할 땐 커브드 화면으로 사용 가능해 몰입감을 극대화한 것이 특징이다.[38]

나) 차량용 OLED

자율주행·전기차(EV) 패러다임 전환이 속도를 내면서 미래 차 디스플레이로 주목받는 차량용 유기발광다이오드(OLED) 패널 시장도 급성장하고 있다. 2020년 550억원대에 불과했던 차량용 OLED 패널 매출이 6년간 12배 증가한다는 업계 전망이 나왔다.

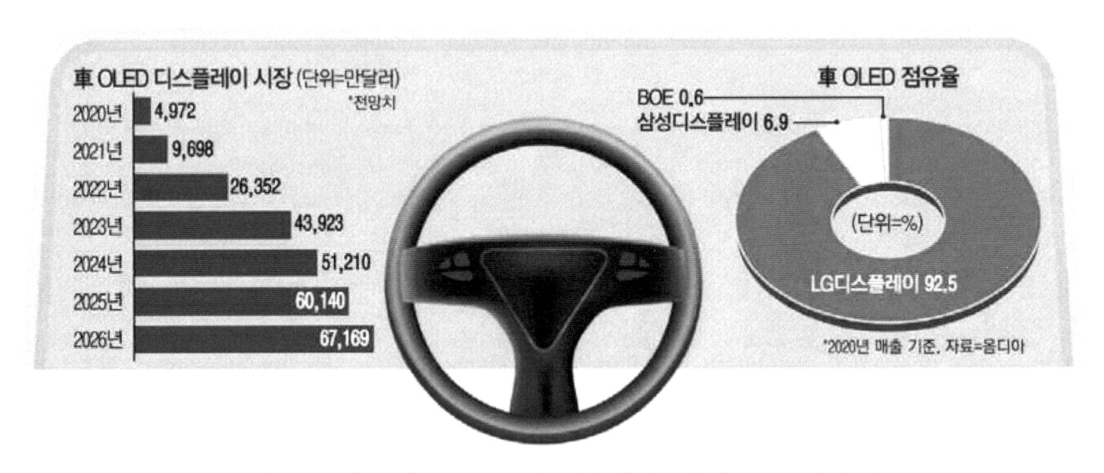

그림 62 자동차 OLED 디스플레이 시장규모 전망치

디스플레이 시장조사 기관 옴디아에 따르면 전 세계 차량용 OLED 패널 매출은 2020년 4972만 달러(약 555억원)에서 2022년 2억6350만 달러로 2년 새 430% 증가할 것으로 예상된다. 2026년에는 6억7170만 달러로 2020년과 비교하면 무려 12배 불어날 것으로 옴디아는 내다봤다.

차량용 디스플레이 시장의 대세는 아직까지 LCD 패널이다. 하지만 2010년대 후반부터 차량용 OLED 패널 시장이 서서히 개화하는 분위기다. OLED는 스스로 빛을 내 LCD 대비 화질이 우수하다. 주간 시인성도 뛰어나 안전 운전에도 보다 적합하다. OLED는 백라이트도 필요 없어 두께가 얇고 무게가 가벼운 데다 자유롭게 휘거나 구부릴 수 있다.[39]

38) LG디스플레이, 'SID 2022'서 OLED 기술 혁신의 미래 선봬/아시아경제
39) 車OLED 없어서 못팔아"…삼성·LG 신바람 났다/매일경제

OLED 디스플레이가 탑재된 자동차는 벤츠 S 클래스와 전기 세단 EQS, 캐딜락 에스컬레이드 정도로 알려졌다. 그 외 대다수 모델은 LCD 디스플레이가 적용됐다. 특히 벤츠 EQS에는 MBUX 하이퍼스크린이 적용됐다. 이는 운전석부터 조수석까지 가로 141㎝ 길이의 일체형 OLED 디스플레이다. 벤츠는 2016년부터 LG전자와 공동 개발을 시작했으며, 디스플레이 부분은 LG디스플레이가 맡았다.[40)]

LG디스플레이는 2021년에 글로벌 인증기관인 독일 'TUV Rheinland(티유브이 라인란드)'로부터 '고시인성 차량용 OLED(High Visibility Automotive OLED)' 인증을 획득했다.

LG디스플레이의 차량용 OLED 패널은 운전자가 주간과 야간에 접하는 밝기 등 광범위한 주행환경에서 최고의 화질을 일관되게 구현하고, 영하 40도의 혹독한 저온에서도 동일한 화질을 유지했다. 또 운전석과 조수석 사이의 어떤 시야각에서도 전체화면의 5%크기에 불과한 작은 컨텐츠까지 왜곡 없이 정확하게 표현한다는 평가를 받았다.[41)]

LG디스플레이는 차량용 플라스틱OLED(P-OLED) 패널을 2019년 처음 생산했다. 이후 2020년 LG디스플레이는 차량용 OLED 패널 시장에서 매출 기준 점유율 92.5%를 달성했으며 현재까지도 독점 체제를 구축하고 있다.

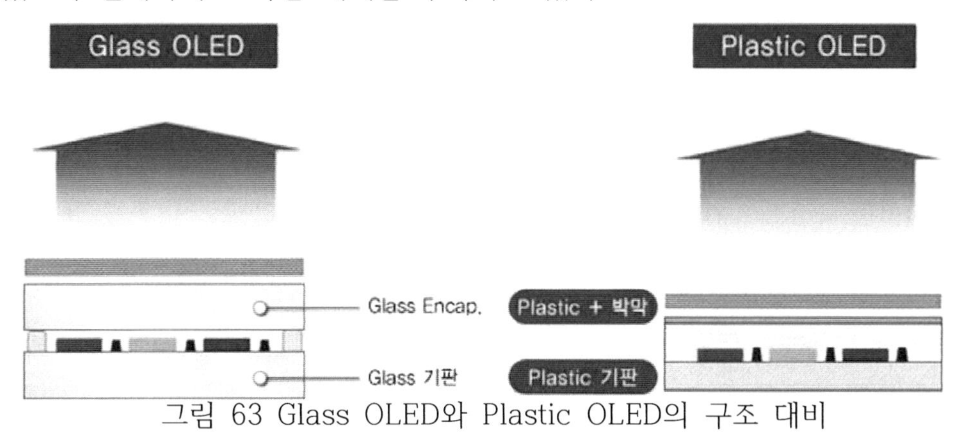

그림 63 Glass OLED와 Plastic OLED의 구조 대비

P-OLED는 Glass 기판의 OLED 대비 두께를 얇게 만들 수 있고 무게 역시 가볍다. 얇은 두께와 높은 유연성을 갖춰 운전자에 최적화된 디자인이 가능하다. 특히 자동차는 인체공학 디자인을 중요시하기 때문에 P-OLED의 높은 디자인 자유도는 굉장한

40) OLED 벤츠 vs LCD 현대차… `디스플레이 대전` 불 붙는다/디지털타임스
41) LG디스플레이 차량용 OLED 패널 탑승자를 위한 '최고의 화질' 인정 받아/LG디스플레이

장점이다. 자동차 대시보드 곡면을 따라 다양한 곡률 디자인을 구현할 수 있는 차별성 때문에 차량 인테리어의 미래를 선도하는 혁신적인 디스플레이로 각광받고 있다. 또한 Glass 기판의 디스플레이는 깨지기 쉬운 반면, 플라스틱 OLED는 일정한 곡률로 구부리는데 매우 유연하고, 깨지기 쉬운 유리가 아닌 플라스틱이라는 점은 더욱 유리한 측면이라고 볼 수 있다.

LG디스플레이는 CES 2024에서 세계 최대 '57인치 P2P 디스플레이'를 공개하며 차량용 디스플레이 기술의 새로운 지평을 열었다. 'Pillar to Pillar', 즉 차량 앞면의 왼쪽 기둥에서 오른쪽 기둥까지 커다란 화면이 길게 연결된 형태의 이 혁신적인 솔루션은 운전자에게 몰입감 넘치는 콘텐츠 경험을 제공할 뿐만 아니라, 미래 자율주행 시대에 대비해 다양한 정보를 제공하는 스마트 콕핏의 핵심 요소가 될 것이라는 기대감으로 스포트라이트를 한 몸에 받았다.

그림 64 CES 2024 혁신상을 받은 LG디스플레이 '57인치 P2P 디스플레이'

50인치를 넘어선 크기의 차량용 디스플레이는 LG디스플레이가 업계 최초로 선보인 것으로 그 의미가 더욱 특별하다. 특히, 자동차가 SDV(Software-Defined Vehicle, 소프트웨어 중심 자동차)로 진화하고 있는 시점에서 디스플레이 크기도 확대되고, 탑재되는 개수도 늘어나는 '스크린화(Screenification)'가 활발히 이루어지고 있기 때문이다. 57인치 P2P 디스플레이는 이러한 트렌드에 부합할 뿐 아니라, 차세대 자동차에 대한 새로운 기준을 제시한다. 57인치 P2P 디스플레이는 하나의 커다란 화면을 통해 주행과 관련된 다양한 정보를 선명하게 보여주고 네비게이션 조작, 엔터테인먼트 기능을 동시에 활용할 수 있어 운전자의 편의성과 안전, 쾌적하고 즐거운 탑승 경험이라는 차별화된 고객 가치를 제공한다.

57인치 P2P 디스플레이는 하나의 커다란 스크린으로만 구성되어 있다. 기존처럼 작은 패널을 여러 개 이어 붙이면 대형 사이즈를 쉽게 구현할 수 있지만, 디스플레이 간 틈이 보이기 때문에 매끈(Seamless)한 화면 구현이 어렵고 다이나믹한 대화면의 영상을 즐길 수 없어 사용자의 몰입감을 저하시킬 수 있다.

이를 해결하기 위해서 LG디스플레이는 한 개의 패널에 높은 해상도를 구현하는 방식을 선택했다. 단 하나의 패널로 대형 사이즈를 완성하는 것은 상당히 고도화된 기술력을 요구할 뿐만 아니라, 차량용 디스플레이는 기존 패널 대비 엄격한 신뢰성 평가 기준이 적용된요. 이 모든 것을 극복함으로써 57인치 P2P 디스플레이라는 선도적인 제품을 개발할 수 있었다.

다) 대형 OLED

LG디스플레이는 TV용 대형 OLED를 독점 공급하고 있다. 현재 TV용 대형 OLED 패널을 만들어 공급할 수 있는 업체가 많지 않은 만큼 LG디스플레이가 사실상 유일한 생산 업체로 꼽힌다. 업계 관계자는 "TV용 대형 OLED는 LG디스플레이가 99% 이상 점유율을 기록하고 있는 것으로 이해하면 된다"라고 했다.

업계 관계자는 "삼성디스플레이가 스마트폰 등 소형 위주에서 최근 모니터와 같은 중형 이상에 관심을 쏟고 있는 반면, LG디스플레이는 대형 위주에서 중소형 쪽으로 저변을 확대하고 있다"고 말했다.[42]

LG디스플레이는 중국 패널 업체들의 LCD 저가 공세와 OLED 사업전환을 위한 투자 부담이 더해지며 2년 연속 적자를 기록하는 등 어려움을 겪었다. 하지만 중국 광저우 OLED 공장을 본격 가동한 이후 생산량과 수율이 동시에 상승하면서 수익성이 반등 국면을 맞았다. 업계가 추정하는 지난 2021년 연간 영업이익은 2조3993억원으로 2년 만에 흑자전환 했을 것으로 관측된다.

42) 삼성·LG, '제2 반도체'로 떠오른 OLED 주도권 경쟁 치열/조선비즈

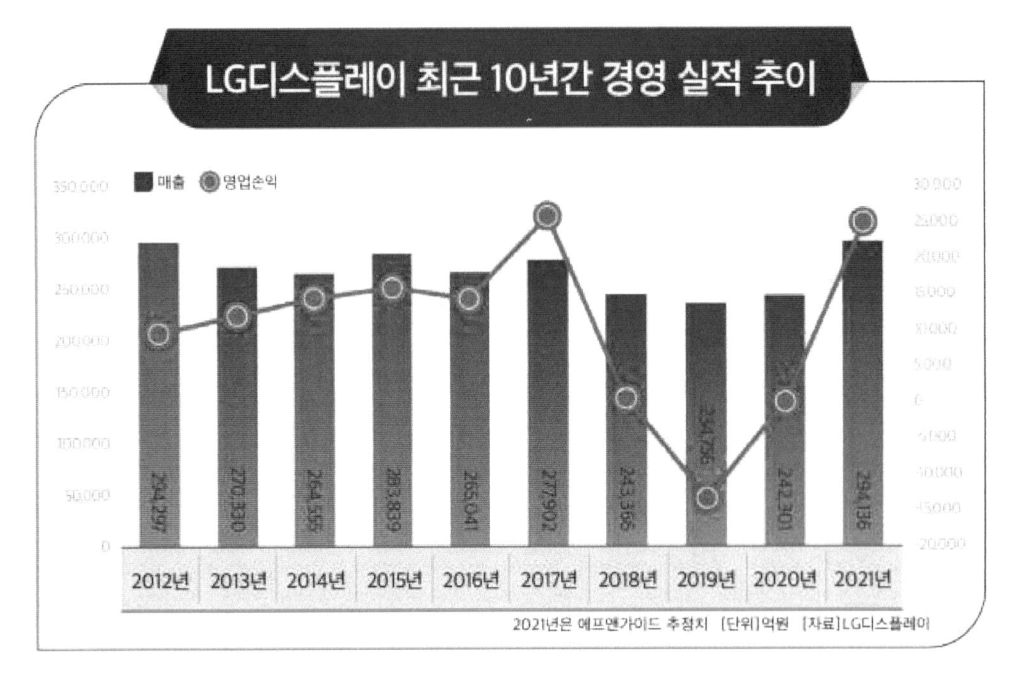

그림 65 LG디스플레이 최근 10년간 경영 실적 추이

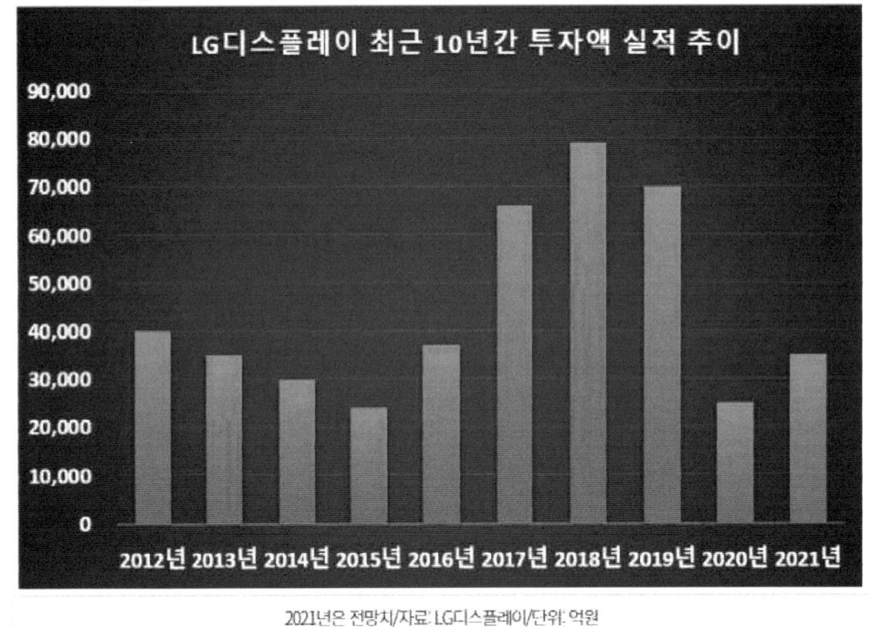

그림 66 LG디스플레이 10년간 투자액 실적 추이

LG디스플레이의 지난 10년 간 투자는 OLED 부문에서 두드러졌다. 2012년부터 2020년까지 총 투자액 약 40조6000억원 중 절반 이상을 OLED 투자가 집중된 2017~2019년에 쏟아 부었다.

대형 OLED 투자가 마무리 된 2020년에는 투자 규모가 2조5000억원으로 다시 줄었다. 지난 2021년에는 3조원 중반대 투자가 이뤄진 것으로 관측된다.

LG디스플레이는 2021년 TV용 대형 OLED 패널 출하량이 800만대에 육박했다. 2022년은 중국 광저우 공장의 생산능력 확대에 힘입어 대형 OLED 패널 생산량이 연간 1000만대를 상회할 것으로 관측된다. 에프앤가이드는 2022년 LG디스플레이가 매출 28조8189억원, 영업이익 1조7246억원을 낼 것으로 전망했다.[43)]

CES 2024에서 LG디스플레이는 한층 진화한 '메타 테크놀로지2.0'을 공개하며, 밝고 선명한 화면으로 또 한번 기술력을 입증했다. 미국의 IT 전문 매체 디지털 트렌즈(Digital Trends)는 "최상의 화질로 콘텐츠를 감상하기 위해 OLED TV를 어두운 방에서만 감상해야 했던 시절은 끝났다"며, 메타 테크놀로지 2.0의 밝기 성능을 극찬했다.

메타 테크놀로지 2.0은 현존 OLED TV 패널 중 가장 밝은 최대 휘도 3,000니트를 달성해 어느 환경에서도 밝고 선명한 화면을 제공합니다. 또한, 컬러 휘도 또한 114% 향상시켜 밝은 곳은 밝게, 어두운 곳은 더 어둡게 만드는 HDR 효과를 더욱 잘 표현할 수 있다. 이를 두고 디지털 트렌즈는 "컬러 처리에 중점을 두며, OLED가 아닌 디스플레이의 경쟁력을 위협할 만큼 밝기 성능을 향상시켰다 "는 감상을 남기기도 했습니다.

라) 아이폰용 OLED

중소형 OLED 사업을 강화하고 있는 LG디스플레이가 2022년 하반기 출시 예정인 애플의 아이폰14 프로와 프로맥스 모델이 채용할 LTPO(저온다결정산화물) OLED 패널을 공급하기 시작했다. 아이폰 신제품 출시 전 초기 생산 지연이 있었으나 기술 보완 과정을 거쳐 애플에 최종 승인을 받은 것으로 알려졌다.

LG디스플레이는 애플에 아이폰13 시리즈용 LTPS(저온다결정실리콘) OLED 패널을 공급해왔다. LTPO 패널은 LTPS 패널보다 제조 공정이 복잡하고, 가격이 비싼 대신 소비 전력이 낮아 120헤르츠(Hz)의 주사율을 구현하기 용이하다. 이 때문에 스마트폰 업체들은 보통 프리미엄 모델에만 LTPO 패널을 채용한다.

삼성전자가 최근 공개한 갤럭시S22 시리즈 중 기본형과 플러스 모델은 LTPS 패널,

---

43) '뚝심'으로 위기 넘긴 LG디스플레이, 대형 OLED 최강자로 '우뚝'/CEO스코어데일리

울트라 모델에는 LTPO 패널이 탑재됐다. 애플도 2021년부터 주력 모델에 LTPO 패널을 채택했는데 아이폰13 프로, 프로맥스 모델에 LTPO 패널을 채용했다.

아이폰13 시리즈용 LTPO는 삼성디스플레이가 애플에 독점 공급했지만, 아이폰14 시리즈부터는 패널 공급처에 LG디스플레이를 추가할 것으로 관측된다. 애플은 공급 안정성과 가격 협상력을 높이기 위해 공급망 다변화를 추구하는 데다, LG디스플레이가 LTPO 패널을 적극적으로 개발 중이라는 점 등이 근거로 꼽힌다.

실제로 공급 계약이 체결된다면 LG디스플레이가 중소형 OLED 시장에서 존재감을 높이는 데 큰 역할을 할 것으로 보인다. 그런데 삼성디스플레이라는 큰 벽을 넘기에는 충분하지 않다.

현재 TV 등 대형 OLED 패널 시장은 LG디스플레이가 사실상 독점하고 있지만, 중소형 OLED 패널 시장에서는 삼성디스플레이가 크게 앞선다.

아이폰15 시리즈에서 생산계획이 가장 많은 15프로맥스 OLED 공급물량은 올해 말까지 삼성디스플레이가 LG디스플레이의 4배에 이를 것으로 예상된다. 15프로맥스보다 물량이 적은 15프로 OLED 공급량에선 LG디스플레이가 삼성디스플레이에 우위를 보일 가능성이 있다. 아이폰15프로맥스 생산지연 원인이었던 폴디드줌 생산수율 문제는 최근 상당 수준 해소된 것으로 파악됐다.

LG디스플레이는 아이폰15 시리즈 프로 라인업 2종에만 OLED를 공급한다. 올해 말까지 LG디스플레이가 애플에 납품할 것으로 기대되는 물량은 △프로 1000만대 후반 △프로맥스 700만~900만대 등 모두 2000만대 중반이다.

아이폰15 4종 가운데 애플 생산계획이 가장 많은 15프로맥스 OLED 물량 추정치는 삼성디스플레이(3000만대 초중반)가 LG디스플레이(700만~900만대)의 4배 수준이다. 업계 일부에선 삼성디스플레이의 15프로맥스 OLED 물량을 2000만대 중반으로 보는데, 이 경우에도 삼성디스플레의 물량이 LG디스플레이 물량의 3배 수준이다.[44]

44) 애플 아이폰15프로맥스 OLED 물량, 삼성D가 LGD의 4배 수준 전망. THEELEC.

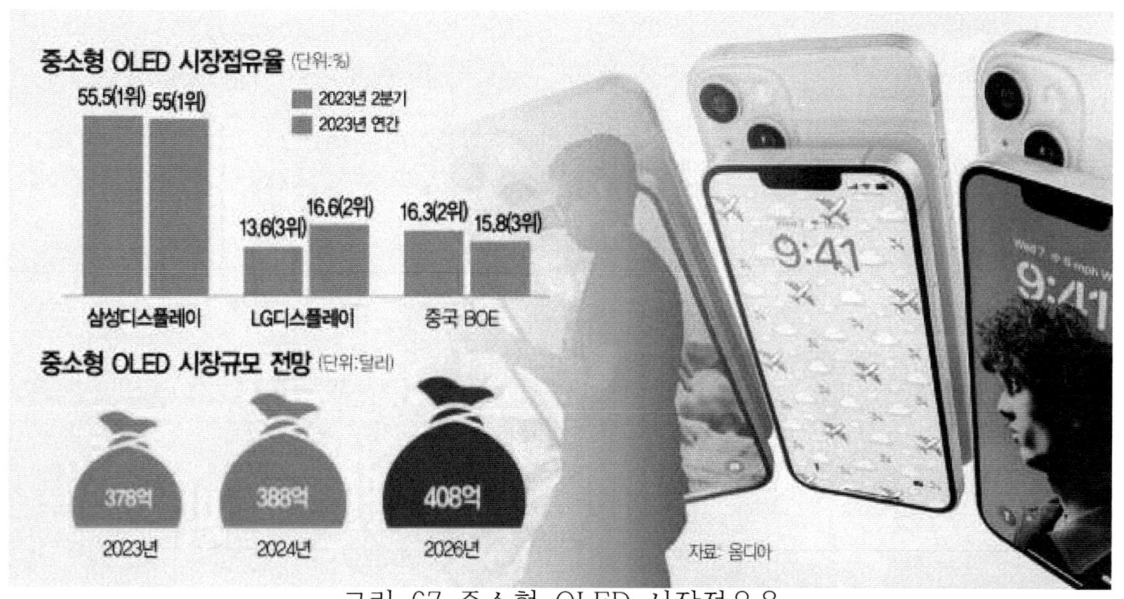

그림 67 중소형 OLED 시장점유율

시장조사 업체 옴디아에 따르면 지난해 중소형 OLED 시장에서 삼성디스플레이는 매출 기준 55%의 연간 점유율로 1위를 차지했다. LG디스플레이가 16.6%로 2위, BOE가 15.8%로 3위를 기록했다.

LG디스플레이는 지난해 1분기 2%포인트 차이로 BOE에 2위를 내줬지만 약 9개월 만에 2위 자리를 되찾았다. 당시 BOE 시장 점유율은 19.5%, LG디스플레이는 17.5% 수준이었다. 지난해 2분기에는 양 사의 격차가 3%포인트 넘게 벌어졌지만 하반기 들어 LG디스플레이가 아이폰과 아이패드 등 애플 OLED 물량 확대를 통해 추월에 성공했다. 특히 지난해 4분기 LG디스플레이의 중소형 OLED 시장점유율은 22.1%를 기록하며 분기 기준 점유율 20%대를 돌파했다.

LG디스플레이는 조직 개편을 통해 중소형 OLED 사업을 강화하고 투자를 늘리는 등 시장 점유율 늘리기에 나섰다. 연구개발에도 적극 투자하고 있는데 최근 LG디스플레이 감사보고서에 따르면 2021년 개발비 명목으로 투자한 금액 약 3900억원 중 절반을 모바일 제품 부문이 차지한다. 지난 2021년에는 중소형 OLED 생산능력 확보를 위해 오는 2024년까지 파주 사업장에 3조3000억원을 투자한다고 밝히기도 했다.[45]

45) LG디플, '아이폰14' 패널 공급해 중소형 OLED 존재감 키운다/매일경제

3) DMS

DMS는 고집적 세정장비(HDC), 습식 식각장비(Wet Stripper), 폴리이미드 도포장비(PI Coater) 등 디스플레이 생산용 핵심장비를 공급하고 있는 회사이다. 또 풍력단지 개발 및 풍력 발전기 제조사업과 자회사 비올(40.7%) 등을 통해 피부 치료용 의료기기 사업을 영위하고 있다.

DMS의 2023년 4분기 실적은 매출액 361억원, 영업이익 30억원(순이익 31억원) 달성했다. 중국 BOE, CSOT 등 주요 고객사의 액정표시장치(LCD) 및 OLED 투자 지속으로 호실적을 기록했다. 다만 순이익은 외환평가손실로 큰 폭 감소했다.

KB증권 연구원은 "코로나19로 인한 'K-헬스케어'의 부각과 전세계적인 그린 정책 기조 속에서 안정적인 디스플레이 장비 사업 그리고 풍력, 의료기기 등의 사업 다각화 수혜가 기대된다."고 평가했다.

DMS는 2020~2021년 OLED장비 매출 비중이 LCD를 넘어서는 원년으로 OLED 장비 회사로의 도약이 예상되고 있다. 또 그린뉴딜 관련 중형 풍력발전기 사업 수혜가 기대되며 한국전력과 함께 개발한 200KW 중형 풍력발전기가 2019년 7월에 개발 완료됐다. 이로 인해 향후 기술이전 완료 시 국내 자가발전 도서 및 격오지 발전설비 대체에 따른 수혜가 예상된다.[46]

4) 위지트·핌스

디스플레이 및 반도체 제조용 핵심부품 전문기업 위지트가 OLED Mask 전문 제조업체인 주식회사 핌스(옛 엠더블유와이)의 지분 13.7%(특수관계인 포함시 25.7%)를 취득하여 신규 사업에 진출하게 되었다고 밝혔다.

위지트는 핌스와의 전략적 사업제휴로 신규매출 창출 등 신 성장 동력을 확보하게 되었다고 말했다. 주식회사 핌스는 기술주도 성장 동력을 갖춘 벤처기업이다.

핌스는 OLED 패널 공정에 필수적으로 사용되는 부품인 Open Mask 전문업체로 국내 OLED Mask 제조사 중 유일하게 Mask 인장 제조에 관한 특허를 보유하고 있다.

---

46) DMS, OLED 전환 및 중형 풍력발전기 사업 수혜-KB/이데일리

특히 핌스가 독자적으로 개발한 F-Mask는 RGB층을 증착해서 FMM(Fine Metal Mask)을 부착하기 위한 Mask로써 FMM Mask 부착시의 문제점인 처짐, 패턴변화, 변형 등을 획기적으로 줄일 수 있어 새로운 개념의 Mask로 각광받고 있다.

또한 위지트는 20년 이상된 디스플레이 핵심부품 표면처리 제조기반 경험을 바탕으로 OLED 패널 공정중 TFE(Thin Film Encapsulation) 박막봉지에 사용되는 Open Mask 아킹방지용 신규 표면처리 기술 개발에 성공했다고 밝혔다. [47]

핌스는 2021년 연결기준 매출액 500억원, 영업이익 74억원을 기록했다고 3분기 실적을 공시했다. 한 분기에 매출액 213억원, 영업이익 39억원을 올린 것은 창사이래 처음이다. 이는 핌스가 2021년 초부터 국내외 OLED 패널 업황 회복을 배경으로 국내외 고객 다각화 및 품질 개선에 지속적으로 노력을 기울여 온 결과라는 분석이다.

김민용 사장은 "우리의 제품 및 품질은 현재 업계의 표준이 되어가고 있다. 기존 OLED 오픈메탈마스트(Open Metal Mask) 업계의 제조 패러다임을 바꾸고자 하고 있으며 이를 통하여 고객에게 OLED Mask 관련 One-Stop Solutions을 제공하는 최초의 업체가 되고자 노력하고 있다”면서 “다가올 OLED 시장에 꼭 필요한 Mask를 만들고 새로운 비즈니스 모델을 발굴하고자 하는 핌스의 미래는 밝다"라고 말했다.[48]

핌스는 2022년 1월 인천 남동구 신공장에서 첨단 오픈메탈마스크(Open Metal Mask) 공장 준공식을 개최했다. 핌스 신공장은 오픈메탈마스크(Open Metal Mask) 최첨단 설비를 갖춘 전용 공장으로 인천광역시 남동공단 내 2021년 3월 착공해 올해 완공되었다. 총 사업비 400억 원으로 연면적 1만 m2 규모로 최첨단 공장으로 월간 마스크 기준 1,200매 생산 능력을 갖추었다. 향후 핌스는 전문분야 수직 계열화를 통한 원스탑 제조 솔루션을 갖출 예정이다.[49]

또한 2023년 대형 패널사인 삼성디스플레이와 BOE에서 OLED에 대해 각각 4조 1000억원, 11조원으로 투자 계획을 발표하였다. 올해 초 아이패드를 시작으로 맥북, AR/VR, 차량용 제품 등 적용되는 범위가 증가할 것으로 보인다. 이러한 흐름에 맞춰, 동사는 22년도에 신공장 증설과 인원 확충으로 21년도 월 600매 대비 월 1200매

47) 위지트, OLED Mask 전문 제조업체 지분 취득, 신규 사업 진출/뉴스타운경제
48) ㈜핌스, 2021년 매출 500억원 달성/매일경제
49) 핌스, 오픈메탈 마스크 생산 전용 인천 남동공단 공장 준공식 개최/서울경제

로 생산 CAPA를 확보한 상태이다. 이에 따라, 판매관리비가 꾸준히 감소하고 있다. 동사의 매출액은 22년 838억 대비 23년 852억으로 1.6% 상승하였으며, 영업이익은 136% 증가하였다. 23년 하반기에 업황의 영향을 받아 매출액이 일부 감소하였으나, 전체 매출액은 매년 꾸준히 성장하고 있는 흐름을 보인다. 24년부터 디스플레이 업황 회복에 따라, 매출액과 영업이익의 실적 개선이 두드러지게 향상될 것으로 예상한다.

나. 해외

OLED 와 관련되어 디스플레이 메이커, 재료, 장비 및 반도체 업계 등 전 세계적으로 약 100여 개의 업체가 참여하고 있다.

1) 일본

가) JOLED

JOLED는 일본의 민관펀드 '산업혁신기구'의 지원을 받아 OLED를 개발하는 회사다. JOLED는 OLED 패널 제조비용을 줄일 수 있는 '인쇄식' 기술을 사용해 양산화에 나서고 있다. 이 방식은 발광 재료를 프린터처럼 미세하게 칠하는 것이 특징으로 OLED 선두주자인 삼성의 '증착 방식'보다 초기 투자비용이 저렴하며 재료 손실이 적어 생산비를 30~40% 낮출 수 있다. 따라서 이러한 기술양상을 위해 JOLED는 일본 기업 4군데로부터 출자를 받았다고 밝혔다.

4개사의 출자액은 총 470억엔(약 4744억원)으로 이 중 대형 자동차부품제조사 덴소가 300억엔, 대형상사인 토요타상사가 100억엔을 출자했다. 스미토모(住友)화학과 반도체제조장치제조사 SCREEN홀딩스도 출자에 참여했다.[50)]

일본 JOLED가 LG전자 최신형 모니터에 OLED패널을 공급한다. 2021년 1월 업계에 따르면 JOLED는 LG전자의 32인치 프리미엄 모니터 '울트라파인 디스플레이 OLED프로' 패널 공급에 합의했다.

JOLED의 행보는 중형 OLED 시장에서 점유율을 확대하기 위한 전략 중 하나다. 50

50) "한국 잡아라"…OLED 시장서 추격 나선 일본 /뉴스핌

인치 이상 대형 시장을 주도하는 LG디스플레이, 중소형 OLED 최강자 삼성디스플레이 등 한국 양대 패널사를 피해 중형 시장을 적극 공략한다.

JOLED는 2020년 LG전자와 독일 루프트한자의 조인트벤처인 AERQ와 스마트객실용 중형 OLED부문에서 협력한 바 있다. 이번에 OLED 모니터를 새로운 사업모델로 확보하며 LG전자와의 협력 관계를 굳건히 다졌으며 앞으로 LG디스플레이와 삼성디스플레이가 진입하지 않은 OLED 틈새시장을 지속 발굴할 것으로 전망된다. [51]

나) 소니

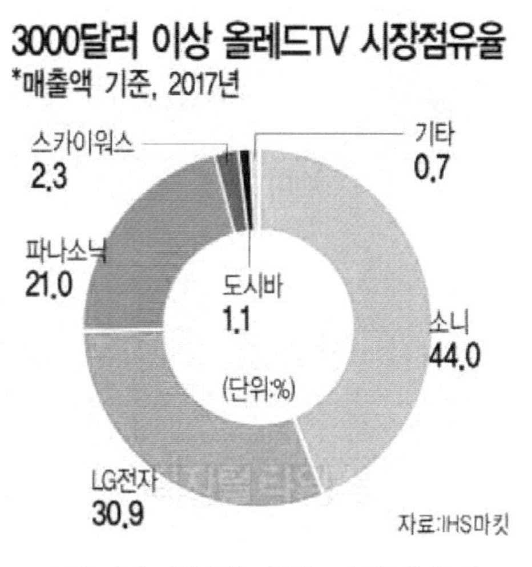

그림 68 OLED TV 시장점유율

소니는 대규모 선행 투자로 2001년 초 세계 최초로 13인치 AMOLED를 개발하여 발표한 일본기업이다. 소니는 2017년, 3000달러 이상의 고가 OLED TV 시장에서 처음으로 1위를 차지하는 등 일본 TV 제품이 대형 스포츠 특수와 맞물려 판매가 급증했다.

시장조사업체 IHS마킷에 따르면 세계 OLED TV 시장의 약 3분의1을 차지하는 3000달러 이상 '초고가' 제품 점유율에서 소니가 2017년 44%로 처음으로 1위에 올랐다. LG전자가 30.9%로 뒤를 이었고, 파나소닉이 21%로 3위에 올랐다. 소니와 파나소닉 두 일본 업체의 점유율이 65%에 달했다.

51) JOLED, LG전자에 모니터용 OLED패널 공급/ 전자신문

특히 소니는 2016년만 하더라도 OLED TV 시장에서 점유율 0%였으나, 1년 만에 OLED 초고가 TV 시장에서 1위로 올라서는 저력을 보여줬다.[52)]

하지만 2020년을 기점으로 소니가 세계 최대 TV 시장인 북미에서 1%라는 충격적인 점유율을 기록하며 업계 영향력이 급격히 위축되고 있는 것으로 나타났다.

업계에 따르면 미국 시장조사업체 NPD의 2019년 4월 북미 TV 시장 점유율 조사 결과 소니는 판매량 기준 1.1%로 5위권 밖으로 밀려났다. 매출액 기준으로도 점유율 4%로 시장에서 존재감이 크게 하락했다. 일반적으로 TV 업계에서 점유율 5% 이하 제조사 브랜드는 영향력이 거의 없다는 점을 감안하면 충격적인 결과로 받아들여진다.

소니는 2017년 OLED TV를 출시하며 반전을 노렸지만 점유율 하락세를 막지는 못했다. 특히 글로벌 TV시장의 기준이 되는 북미에서 하락세가 두드러지고 있다는 것은 소니의 위기가 최고조에 달했음을 시사한다. 소니는 2019년 북미시장에서 매출액 기준 점유율 8.1%를 기록했지만 2020년에 4%로 반 토막이 났다. 1위인 삼성전자를 비롯해 LG전자 등 한국 업체는 물론 TCL, 하이센스 등 중국 업체에도 밀려나며 매출 순위 6위에 그쳤다.

소니는 현재 역량을 집중하고 있는 75인치 이상 초대형 시장에서도 점유율이 대폭 감소하며 이상 신호가 감지되고 있다. 2020년 소니의 북미 초대형 TV 시장 점유율은 12.9%로 전년 동기(20.6%) 대비 큰 폭으로 하락했다. 삼성전자가 전체의 절반가량을 차지하는 이 시장에서 소니는 하이센스의 거센 추격을 받으며 3위 자리도 위태로운 상황이다. 업계에서는 소니 TV의 위기에 대해 코로나19로 유통망이 붕괴된 상황에서 온라인 마케팅에 미흡했고, 초대형·고화질 프리미엄 시장에서 성장 동력을 잃고 있기 때문이라는 분석을 내놓고 있다.[53)]

소니는 2022년 6월에 QD-OLED TV 신제품인 '브라비아 A95K'를 출시하기로 최종 결정했다. 소니 QD-OLED TV에 대한 외신의 반응은 긍정적이다. 테크레이더는 "소니 QD-OLED TV는 QLED의 양자점 필터에서 얻을 수 있는 밝기, 명암비 등의 장점을 OLED에 적용했다"라며 "자체 발광 픽셀 구조와 결합한 더 나은 버전의 디스플레

52) OLED 앞세운 일본TV, 화려한 부활 노린다/디지털타임스
53) 소니TV의 몰락…북미 점유율 1% '충격'/매일경제

이라고 평가할 수 있다"라고 했다. 포브스는 "기존 디스플레이 패널과 비교해 더 높은 해상도를 보였다"라고 분석했다.[54)]

소니가 2023년 1.3인치 4K 마이크로 유기발광다이오드(OLED) 패널을 공개했다. 애플이 내년 상반기 출시하는 확장현실(XR) 헤드셋인 비전프로의 메인 디스플레이 적용 패널로 추정된다.

마이크로 OLED는 기존 OLED와 달리 실리콘 웨이퍼 위에 유기물을 증착해 만든 디스플레이다. 실리콘을 기반으로 만들어지기 때문에 '올레도스(OLEDoS, OLED on Silicon)'라고도 불린다. 1인치 안팎의 작은 크기에 초고해상도를 구현하기 때문에 '마이크로'라는 이름이 붙었다. 눈 앞에서 영상을 표현해내는 증강현실(AR)·가상현실(VR)·혼합현실(MR) 등 기기에 활용될 것으로 예상된다.

소니는 구체적인 사양도 공개했다. 최대 밝기는 5000니트이며 일반적인 사용환경인 20% 성능 수준의 최대 밝기는 1000니트다. 명암비는 100000:1 이상, 색 재현력은 DCI-P3 기준 96%다. 인치당 픽셀수는 4000PPI 이상이다.

업계 관계자는 "소니는 현재 비전프로에 메인 디스플레이를 공급하는 유일한 업체로, 소니 발표 제품이 비전프로에 들어가는 마이크로 OLED 패널"이라고 밝혔다.

다) 스미토모화학

스미토모화학, 쇼와덴코 등 일본 소재 업체들이 휘는 OLED 패널을 앞 다투어 출시하고 있다. 스미토모화학은 특수 잉크를 사용한 투명 폴리이미드(CPI) 필름을 개발하여 삼성전자의 폴더블폰용 CPI필름을 공급하고 있다.

2021년엔 100억엔이상을 투자해 한국에 새로운 공장을 세우고 불화아르곤(ArF) 포토레지스트를 생산하게 된다. 불화아르곤 포토레지스트는 반도체 기판의 미세 회로 형성에 사용되는 첨단 소재다. 지금까지 스미토모화학이 불화아르곤 포토레지스트를 생산했던 곳은 오사카 공장 하나였으나, 한국에도 생산 기지를 늘린 것이다. 오사카 공장의 생산능력 증대와 이번 한국 공장 건설로 인해 스미토모화학의 불화아르곤 포토레지스트 생산능력은 2024년에는 2019년에 비해 2.5배 늘어날 것으로 예상했다.[55)]

---

54) 호평 쏟아지는 소니 QD-OLED TV… 출시 불투명한 삼성/조선비즈

그러나 스미토모화학이 TV 등 제품 수요 감소로 인해 2024년 가을까지 액정표시장치(LCD) 편광판 생산을 30% 줄인다고 발표했다. 이에 자회사인 동우화인켐이 운영하는 평택공장 편광판 생산을 올해 말까지 중단할 것으로 알려졌다.

스미토모화학의 편광판, 컬러필터 사업 축소는 LCD 소재 분야 실적 악화가 배경으로 꼽힌다. LCD 제품 수요가 줄어들어 관련 소재·부품인 편광판과 컬러필터 수요도 크게 감소한 것으로 보인다. 또 중국 업체들이 시장에 진입하면서 LCD는 공급과잉이 됐다.

특히 한국에서는 유기발광다이오드(OLED) 전환이 가속화하고 있어 LCD 생산이 이뤄지지 않고 있는 점도 평택공장 가동을 일부 멈추는 데 영향을 미친 것으로 분석된다. 국내 패널 제조업체들은 국내에서 TV용 LCD 패널을 제조하고 있지 않다. 국내 제조업체의 유일한 TV용 LCD 생산은 LG디스플레이의 광저우 공장(팹)에서 이뤄지고 있다.

라) 쇼와덴코

쇼와덴코는 손끝의 조작을 감지하는 터치 센서 필름을 개발했다. 은을 이용한 소재로 기존에 인듐주석산화물(ITO)을 이용한 데서 더 발전한 것이다. ITO는 투과성이 우수했으나 재료가 비싸고 쉽게 부서지는 것이 단점이었다. 터치 패널용 센서 제조업체 니샤도 비슷한 소재의 필름을 개발 중이며 중국과 한국에서 점유율 확대를 노리고 있다.

마) 우베흥산·가네카

우베흥산과 가네카 역시 휘는 OLED 소재인 필름을 개발하는 데 본격 착수했다. 이들 업체는 현재 한국과 중국의 패널 업체에 공급을 시작했다. 이들은 투명 폴리아미드(PI)를 가공해 내열 온도가 섭씨 400~500도에 달한 정도로 내열성이 강한 제품을 만들어냈다. 우베흥산은 삼성전자에 공급 물량을 확대하겠다는 의지를 내비쳤다.[56]

55) 스미토모화학 한국에 공장 신설…일본 기업들 잇따른 한국 투자/아주경제
56) 日 신소재 업체들, 플렉서블 OLED 사냥 나선다/이투데이

2) 중국

중국은 최근 막대한 가격 경쟁력으로 LCD 시장을 장악했고, 차츰 이를 OLED 시장까지 뻗치고 있다.

업계에 따르면 한국과 중국 간 OLED 제조 기술격차는 3~5년 선으로 벌어져있고, 중국 업체들의 OLED 수율은 20~30%대로 낮지만 중소형 OLED 시장에서 중국의 추격이 심상찮다고 전했다.

중국은 BOE를 필두로 GVO·티안마·EDO 등이 중소형 OLED 투자에 공을 들이고 있다. BOE는 OLED 생산라인인 B7의 양산을 본격화했고 티안마, CSOT, 비전옥스 등도 2018~19년 OLED 라인을 신규 가동을 본격화했다.

중국 업체들의 공격적인 생산라인 증설 배경에는 정부의 전폭적인 지원이 있다. 중국 정부는 LG디스플레이의 광저우 OLED 공장 승인을 반년이나 미루면서 결과적으로 LG디스플레이의 대형 OLED 양산 규모 확대 시기를 뒤로 늦추는 데 성공했다.[57)]

시장조사업체 옴디아에 따르면 2020년 매출 기준 중소형 OLED 시장에서 삼성디스플레이, LG디스플레이등 국내 업체의 점유율은 84.9%로 집계됐다. 9인치 이상 대형 OLED 시장 점유율은 98.1%로 더 압도적이다.

국내 업계가 LCD를 대체하기 위한 OLED로의 전환에 공을 들인 결과다. 지난 2019년부터 국내 디스플레이 수출액에서 OLED는 LCD를 앞질렀다. 산업통상자원부에 따르면 2018년 LCD 수출액은 136억6000만달러로 OLED(103억달러)보다 많았지만, 2019년에는 OLED가 102억5000만달러로 LCD(79억3000만달러)를 넘어섰다. 지난해 역시 OLED는 109억1000만달러를 기록하며 LCD(61억2000만달러)와의 격차를 더 벌렸다.

하지만 2020년 이후 LCD 시장에서 주도권을 잡은 중국이 다시 OLED 시장으로 눈을 돌리고 있다. 중국 기업들은 대규모 생산라인 설립을 추진하는 등 공격적 투자에 나서고 있다. 이 때문에 막대한 자본력을 앞세운 중국의 핵심 인력 유출에 대비해야 한다는 지적이 나온다.[58)]

---

57) LCD 삼킨 中 디스플레이, 이제 OLED로/아이24뉴스

가) BOE

중국 최대 디스플레이 업체인 BOE는 중국 충칭에 건설 중인 중·소형 OLED 공장에 대해 2022년 하반기부터 생산라인 가동을 시작할 것으로 전망된다. 이 공장에서 생산하는 OLED 패널은 2023년 새롭게 출시되는 애플의 아이폰 15에 탑재될 것으로 알려져 있다.

중국 현지 스마트폰 패널을 비롯해 삼성전자 중저가 보급형 제품에 적용되는 OLED 패널 위주로 몸집을 키워왔던 BOE가 2021년 애플의 리퍼비시(교체용) 패널 공급사로 이름을 올린 후 2021년 하반기 출시된 아이폰 13 시리즈 중 일반 모델에 대해 2022년 생산 제품에 대해 직접 물량을 공급하게 되면서 글로벌 경쟁력을 더욱 키워가고 있다. 최근 주요 부품 차질로 인해 생산에 문제가 생기며 애플이 원하는 만큼의 물량을 공급하지 못하면서 일각에서는 공급망에서 제외될 수 있다는 분석이 나오기도 했으나, 아이폰 14 시리즈에서도 일반 모델 패널을 공급하는 계약을 체결한 것으로 보인다.

BOE는 2023년부터 기본형인 '아이폰15(6.1인치)'와 함께 아이폰15 플러스(6.7인치)용 패널 공급을 준비해왔다. 아이폰15 기본형에 들어가는 패널은 지난해 10월 가까스로 승인을 받고 양산을 시작했다. 하지만 수율이 워낙 낮았던 탓에 실제 OLED 패널을 본격 공급한 시점은 지난해 12월부터다.

애플은 지난해 출시한 아이폰15 시리즈 전 모델에 홀디스플레이를 적용했다. 패널 크기가 커질수록 기술 난도가 높아지면서 BOE는 결국 공급에 실패한 것으로 분석된다.

BOE는 아이폰15 플러스용 패널 공급을 포기하고 올해 하반기 출시될 아이폰16 시리즈와 내년 출시가 예상되는 '아이폰SE4'에 대응하는데 힘을 실을 것으로 보인다. 아이폰16 시리즈 중 저온다결정실리콘(LTPS) 박막트랜지스터(TFT) 방식의 OLED를 사용하는 기본형 제품에 패널 공급을 시도할 전망이다.

BOE는 기술 난도가 높은 일부 아이폰 패널과 관련해선 고배를 마셨으나 전체 모바일 OLED에서는 영향력을 확대하고 있다. 시장조사업체 옴디아에 따르면 BOE는 올해

58) OLED 점유율 1위 韓 추격하는 中…"핵심 인재 유출 막아라"/조선비즈

1분기 폴더블폰용 패널 출하량에서 삼성디스플레이를 넘어섰다.

중국 청두, 면양에서 중·소형 OLED 생산라인을 운영 중인 BOE는 충칭 공장까지 포함해 2022년 중·소형 패널 출하량을 1억개 이상으로 늘린다는 방침이다.[59]

국제정보디스플레이학회(SID) 2022에서 BOE는 95인치 8K OLED 패널을 전면에 내세웠다. BOE가 대형 OLED를 국제 전시회에서 선보인 건 이번이 처음이다. 업계 최대 크기인 8K OLED 패널을 내놓고 대형 제품 개발이 가능하다는 기술력을 과시한 셈이다. 다만 이 제품은 휘도(밝기)가 최대 800니트로인 LG 제품의 절반에도 미치지 못했다.

BOE 관계자는 "아직 구체적인 대형 OLED 양산 계획이 잡힌 것은 아니지만 언제라도 양산할 수 있는 준비를 하고 있다"라고 밝혔다.

세계 1위 디스플레이 자리에 오른 중국이 대형 OLED 시장에서도 공격적인 투자와 천문학적인 정부 지원에 힘입어 빠르게 추격하고 있다. 한국 업체와의 기술 격차는 아직 있지만 중국이 한국을 따라잡기는 시간문제라는 지적이다.[60]

나) Visionox

비전옥스는 OLED 전문 업체이다. 1996년 중국의 명문 칭화(清華)대학이 설립한 OLED 프로젝트팀이 전신이다. 2001년 창업한 벤처기업이지만 장쑤(江蘇)성 쑤저우(蘇州)의 자사 공장에서 OLED의 안정적인 양산에 성공, OPPO 등 중국 스마트폰 제조회사에 공급하기도 했다.

비전옥스에 따르면 약 6000명의 기술자를 보유하고 있으며 OLED 관련 특허도 이미 3500건 이상을 취득했다. 신공장 내 기술전시실에는 미 애플의 '아이폰X'과 비슷한 OLED를 채용한 스마트폰과 곡면 형태의 차량용 패널을 전시하며 기술력을 과시하고 있다.[61]

중국 비전옥스가 2020년 12월 두 번째 플렉시블 OLED 생산라인에 이어 광저우

---

59) "애플 공급 늘리자"… LGD·BOE 불붙은 경쟁/디지털타임스
60) 中 대형 OLED 진격…"韓 따라잡는 것 시간문제"/전자신문
61) 중국 OLED, 삼성 추격...비저녹스·BOE, 중소형 OLED 양산 착수/뉴스핌

OLED 모듈 공장도 가동하기 시작했다. 하지만 수익성 우려는 떨치지 못했으며 비저녹스는 이곳에 중국 장비·소재로 라인 두 개를 만들겠다고 밝힌 바 있다.

앞서 비전옥스는 안후이성 허페이의 중소형 6세대 플렉시블 OLED 생산라인(V3)도 가동에 들어갔다. 지난 2018년 12월 440억위안(약 7조4000억원)을 투자해 착공한 공장이다. 허페이 라인은 허베이성 구안 6세대 플렉시블 OLED 생산라인(V2)에 이은 회사 두 번째 플렉시블 OLED 공장으로 2021년부터 가동하면서 패널 출하량을 늘리고 있다. 2021년 기준 점유율은 2% 수준인데 2022년 상반기 예상 점유율은 4% 수준이다.[62)]

비전옥스는 혁신적인 구조설계를 바탕으로 한 HIAA 기술을 통해, 카메라 렌즈 구경에 상관없이 카메라 홀의 크기를 유지할 수 있는 기술을 개발했고, 이를 통해 카메라 홀 크기를 최소화하는 데 성공했다. 현재 블라인드 홀의 기술은 카메라 홀 크기를 0.1mm까지 줄일 수 있고, 스루 홀 기술은 0.3mm로 줄일 수 있다.

InV see의 업그레이드 버전인 '비전옥스 InV see® 언더 디스플레이 카메라 솔루션 프로'의 세계 최초 양산 적용을 통해 언더 디스플레이 카메라 기술을 선도했다. 또한, 상용화된 '비전옥스 165Hz 다이내믹 리프레시 디스플레이'는 매우 얇은 베젤을 유지하면서도 모바일 장치에서 높은 주사율을 성공적으로 구현했다.

AMOLED 기술이 발전함에 따라 AMOLED가 기기에 적용되는 양상은 단일 솔리드 디스플레이에서 폴더블 디스플레이나 롤러블 디스플레이로 확장되고 있다. 비전옥스는 자사의 플렉시블 AMOLED가 다층 설계, 구조 응력분산 기술, 모듈 시닝(Module Thinning) 기술의 포괄적 적용을 통해 커브드, 폴더블, 슬라이더블, 롤러블 등 다양한 형태로 그 응용성을 확장할 수 있다고 이날 밝혔다.

비전옥스는 향후 제품군을 중형 노트북, 차량형 디스플레이, 마이크로 LED 분야로 점차적으로 확장할 계획이라고 밝혔다. 이와 관련해 플렉시블 디스플레이, 언더 디스플레이 카메라, 제로 베젤, 고주사율 등을 통합한 14"형 아몰레드 초박형 디스플레이를 적용한 'Visionox(비전옥스) 플렉시블 아몰레드 노트북 솔루션'이 기존 노트북 생태계에 새로운 활력을 불어넣었다고 밝혔다.

62) "아이폰 디스플레이 중국으로 가나"…중소형 OLED 지형 '기우뚱'/매일경제

한편, 'Visionox(비전옥스) 마이크로 LED'의 양산 솔루션은 독자적인 혁신 연구를 통해 개발한 박막 트랜지스터(TFT) 백 플레이트, 대량 전사 기술, 구동 알고리즘, 모듈 폼으로 선보일 예정이다. 비전옥스는 독창적 연구개발을 통해 다각화 되는 디스플레이 산업에서 선도적 역할을 할 것으로 기대된다.[63)]

다) CSOT

CSOT의 모회사 TCL은 2021년 11월 자체 컨퍼런스 'DTC 2021'(2021 TCL Huaxing Global Display Ecological Conference)에서 잉크젯 프린팅 방식으로 만든 65인치 대형 8K 유기발광다이오드(OLED) 패널 시제품을 공개했다. 시제품은 잉크젯 방식 OLED 기술을 CSOT와 공동 개발 중인 일본 JOLED가 함께 개발했다

잉크젯 프린팅 OLED는 잉크젯 헤드 노즐을 통해 용액 형태로 분사해 OLED 디스플레이 화소를 만드는 기술이다. 수십 피코리터 이하 OLED 잉크를 분사해 디스플레이를 양산한다. 이론적으로 잉크젯 방식은 재료효율이 높고 대면적 패널 제작에 유리하다는 장점이 있다.

이날 TCL의 짜오준(Zhao Jun) 최고운영책임자(COO)는 "가까운 미래에 CSOT는 세계 최초로 차세대 (8.5세대) 잉크젯 OLED 라인을 보유한 회사가 될 것"이라고 말했다. 하지만 TCL은 이날 T8 프로젝트 생산라인 착공 시점을 공개하지 않았다. 당초 계획은 2021년에 T8 프로젝트 라인을 착공하고 2024년부터 양산 가동하는 것이다.

CSOT는 최근 광저우 t9 공장의 8.6세대(2250x2600mm) 옥사이드(산화물) 액정표시장치(LCD) 생산라인용 1단계 장비를 발주했다. 옥사이드는 하이엔드 LCD 패널에 주로 사용하는 박막트랜지스터(TFT) 기술이다. 옥사이드 TFT는 비정질실리콘(a-Si) TFT보다 전자이동도가 빠르고 소비전력을 낮출 수 있다. 하이엔드 LCD 패널 외에 LG디스플레이가 양산 중인 대형 OLED 패널도 옥사이드 TFT 기술을 사용한다.[64)]

'2022 OLED 코리아 컨퍼런스'에서 "삼성전자가 올해 BOE와 CSOT에서 스마트폰 OLED 패널을 각각 350만대와 300만대를 조달할 것"이라고 전망했다. CSOT는 2021년에 인도 시장에 판매되는 삼성전자 저가 갤럭시M 시리즈 레거시 모델용 OLED를

63) Visionox(비전옥스) `SID 2021`에서 혁신적인 OLED 제품 공개/디지털타임즈

64) CSOT, 8.6세대 LCD 옥사이드 라인 1단계 장비 발주/디일렉

납품한 바 있다. 삼성디스플레이를 제외한 업체가 삼성전자에 스마트폰 OLED 패널을 공급한 것은 이때가 처음이었다.[65]

3) 대만

가) 다윈·판쉬안

미국 애플이 대만 업체와 손잡고 삼성이 독점 공급하는 OLED 연구개발에 착수, OLED 공급선 다변화에 나선 것으로 알려졌다.

업계에 따르면 애플이 대만의 OLED 관련 업체인 다윈(達運)정밀공업, 판쉬안(帆宣)과기공사 등과 협력해 대만 북부에 위치한 룽탄(龍潭) 애플 연구소에서 비밀리에 아이폰에 탑재할 OLED 연구개발에 나섰다고 보도했다.

다윈은 OLED의 핵심 부품인 파인 메탈 마스크(FMM)를 제공하고 판쉬안은 PI레이저리페어 장비 및 산업용 클린룸(ICR) 설비 등을 맡은 것으로 전했다.[66]

나) 폭스콘

애플의 세계 최대 위탁생산업체인 대만 폭스콘이 애플의 요청에 따라 아이패드와 랩톱 컴퓨터 맥북(MacBook) 등 일부 제품의 생산 작업을 중국에서 베트남으로 옮겼다.

애플은 미중 통상마찰이 격화하는 상황을 고려해 중국에 집중됐던 조립 및 생산 공장을 분산하겠다는 의지를 폭스콘 측에 전달했고, 이에 따라 폭스콘은 베트남 북동부 박장 지역에 아이패드와 맥북의 생산 및 조립 시설을 건설하는 작업에 착수하여 2021년 상반기부터 가동하였다.

또한 폭스콘은 2021년까지 중소형 OLED 패널을 300만 장 이상 출하하고, 2025년까지 1040만 장까지 늘릴 전망이다. 이러한 폭스콘의 자신감은 '샤프(Sharp)'에 있다. 샤프는 LTPS 기반의 소형 LCD 제조에 강점을 보였다. 이는 OLED 라인으로의

---

65) "삼성전자, BOE·CSOT서 스마트폰 OLED 650만대 조달 계획"/디일렉
66) 애플의 '탈삼성화'?…대만 업체와 OLED 연구개발 나서/연합뉴스

전환을 수월하게 해, 폭스콘이 OLED 패널을 양산하는 데 큰 역할을 할 것으로 보인다.[67]

폭스콘 자회사 샤프에서 2022년 5월에 스마트폰 '아쿠오스 R7'을 공개했다. 퀄컴 스냅드래곤 8 1세대 AP와 12GB 램, 256GB 저장 공간과 6.6인치 풀 HD + 해상도 240Hz 익조(IGZO) OLED 화면을 갖춘 고급 5G 스마트폰이다. 마이크로SD 메모리 카드 슬롯과 3.5mm 이어폰 단자, IP68 방수 기능을 각각 지원하다.

1형 이미지 센서의 면적은 고급 스마트폰에 장착된 1/1.3인치 혹은 1/2인치 이미지 센서 보다 크다. 그 만큼 빛을 더 많이 받아들이고 화소 면적이 커 사진 화질을 더 좋게 표현한다. 샤프 아쿠오스 R7의 뒷면 카메라에는 고속 위상차 자동 초점 검출, 고화소를 활용한 고해상도 디지털 줌 기능과 8K UHD 동영상 촬영 기능도 적용된다.

2021년 기준 일본 스마트폰 판매량 규모는 약 3,374만대(일본 MM 총연 조사 기준)다. 애플이 시장 점유율 58%를 차지해 1위에 올랐고, 2위 자리를 두고 샤프와 소니, 삼성전자가 각축을 벌였다. 그 결과 2위는 샤프, 3위는 삼성전자, 4위는 소니가 각각 차지했다. 다만, 점유율은 세 곳 모두 10% 남짓으로 차이가 적다.[68]

4) 유럽

가) 필립스

Philips(네덜란드)는 고분자 발광물질과 이를 이용한 디스플레이 개발을 추진 중인데 고분자 OLED 를 PolyLED 라고 부르며 전기면도기에 적용하여 시판하고 있다. SID2004 에 잉크젯 프린팅 방식으로 제작한 13 인치 Full-color AM OLED TV를 발표하였다.

2020년 하반기에는 필립스 TV(TP 비전)가 유럽 시장에 출시할 프리미엄 OLED TV 라인업인 '935' 시리즈를 선보였다.

67) 디스플레이 신흥강자 '폭스콘', 출하량 삼성과 BOE 바짝 추격/CCTV뉴스
68) 샤프, 소니 등 日 스마트폰 '카메라 강화' 승부수 통할까/동아닷컴

필립스 935시리즈는 48인치와 55인치, 65인치 크기로 출시될 예정으로 LG디스플레이 패널을 채용했다. P5 AI 프로세서와 퍼펙트 내추럴 리얼리티 업스케일링 엔진과 안드로이드 파이 9.0을 지원한다.

이 제품은 필립스의 프리미엄 OLED TV 라인업과 마찬가지로 TV 주변 조명 앰비라이트 기술을 갖췄다. 70W 3.1.2 채널 스피커를 장착했으며 기존 필립스의 '805', '855', '865' OLED TV시리즈와 비교해 한층 개선된 바워스앤윌킨스(B&W) 음향기술이 새롭게 탑재됐다.[69]

2023년 하반기에는 필립스는 OLED TV 라인업을 국내에 정식 출시한다고 밝혔다. 'OLED708'은 필립스가 한국에서 선보이는 첫 번째 OLED TV 모델이며, 뒷면(TV 양옆 및 상단 총 3면)에 내장된 LED가 TV 스크린의 색상에 맞춰 반응하는 앰비라이트 기술을 적용해 화면과 공간이 하나가 되는 느낌으로 마치 극장과 같은 수준의 생생함을 선사하는 차세대 디스플레이 기술이 적용된 제품이다. 55인치와 65인치 2종으로 출시된다.

OLED 패널과 필립스만의 P5 AI Perfect Picture 엔진을 탑재하여 딥러닝 AI 알고리즘을 통해 영상을 처리하며 선명하고 매끄러운 영상과 풍부한 색감, 생동감 넘치는 디테일을 제공한다고 회사 측은 밝혔다. 또한 4K 해상도와 120Hz의 주사율 지원, 99%에 가까운 색재현율(Wide Color gamut), DRAM 4G + Flash 16G 메모리 지원으로 애플리케이션 설치해 사용할 수 있는 스마트 TV로 사용자에게 최대 편의성을 제공한다는 점이 특징으로 꼽혔다.

나) 사이노라

2020년 사이노라(CYNORA)가 OLED 디스플레이의 효율성을 크게 향상시키고 눈의 피로를 줄여주는 형광 청색 이미터(emitter)의 상용 제품인 cy블루부스터를 공개했다. 그동안 디스플레이 제조사들의 공급 요청이 빗발쳤지만, 상용화에 성공한 OLED 소재기업이 없었다. 이번 사이노라의 공개로 이미터 상용화에 대해 기대감이 높아지고 있는 셈이다. 현재 사이노라는 상용화시기를 앞당기기 위해 주요 디스플레이 제조사들과 협력하고 있다.[70]

69) 필립스, 크기 세 종류 OLED TV 선보여/지디넷코리아

이후 일년만인 2021년 사이노라는 OLED 디스플레이용 TADF 기반 딥 그린 이미터(Deep Green Emitter)를 위한 소자 테스트 키트를 발표했다.

cyUltimateGreen™으로 알려진 이 제품은 20% 이상의 효율을 제공함으로써 top emission 소자에서 현 업계 사양인 150cd/A를 달성한다. cyUltimateGreen™은 LT95@15mA의 조건 아래 400시간의 사용 수명과 현 DCI-P3 표준에 부합하는 컬러 포인트 및 스펙트럼을 선보인다. 또한 DCI-P3보다 더 높은 색순도를 요구하는 색 표준 인 BT2020과 색의 채도를 크게 높여주는 색 표준과의 호환성을 자랑한다.

사이노라는 디스플레이 선도업체가 제조 라인을 개조하지 않고도 양산 요건을 충족하는 cyUltimateGreen을 엔지니어링할 수 있었다. 이는 현재 디바이스를 제작하기 위한 증착 온도 일치 및 재료 선정 (재료의 에너지 레벨과 같은)과 같은 필수 세부 정보가 계산의 일부를 구성함을 말한다. 제조원가를 더욱 절감하기 위해 추가 증착기 설치 없이 기존 하드웨어 및 프로세스 프레임워크 내에서 제품을 제조하는 방법과 같은 통합 요소도 검토되고 있다.

사이노라의 CEO인 Adam Kablanian은 “우리는 디스플레이 선도업체가 차세대 OLED를 위한 이미터 솔루션을 뛰어넘을 수 있도록 해주는 차별화된 기술을 혁신하기 시작했다”며 “우리는 TADF가 가장 유망한 접근 방식이라고 확신한다. 또한 첨단 기술과 화학 전문 지식의 올바른 조합을 통해 혁신을 이룰 수 있다는 것을 알고 있다”고 말했다.[71]

70) 사이노라, OLED 기기 효율성 높이는 형광 청색 이미터 공개/테크월드
71) CYNORA, 업계 최초 차세대 OLED 디스플레이 용 TADF 딥그린 이미터 디바이스 테스트 키트 출시 발표/CCTV뉴스

06. OLED 기업 분석

6. OLED 기업 분석

가. 국내

1) 삼성SDI

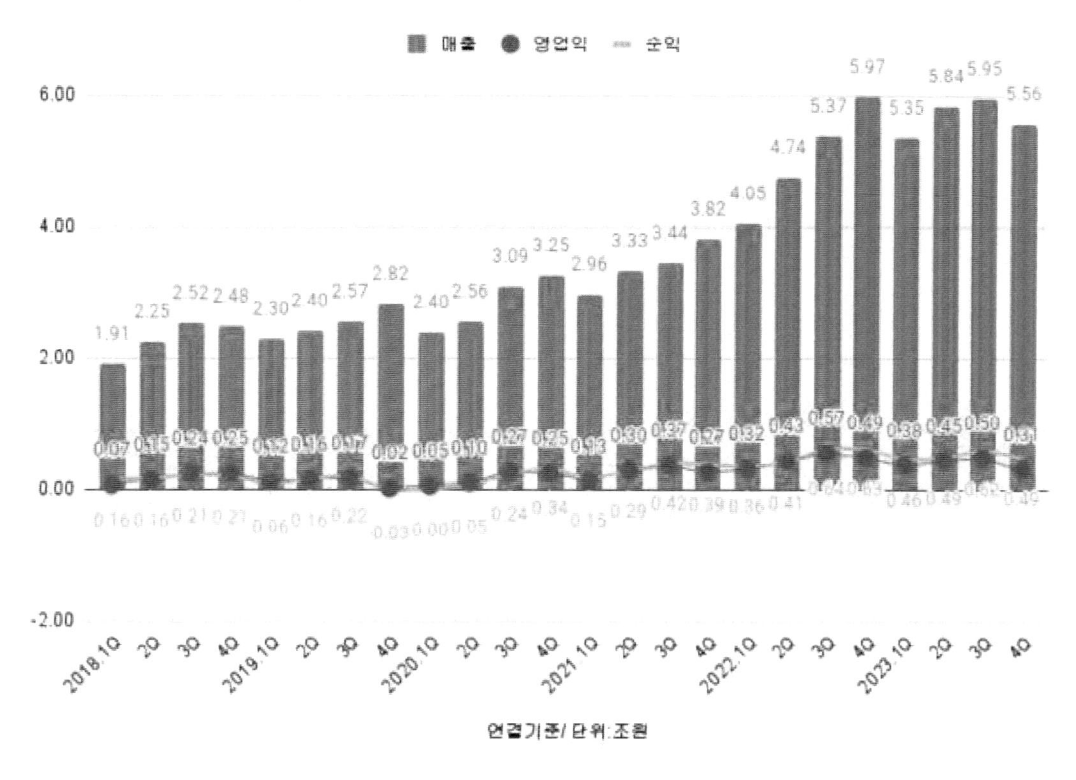

그림 69 삼성SDI 연결재무제표 기준 분기 실적 추이

삼성SDI의 6분기 매출이 연속 5조원을 넘어섰다. 영업이익은 3117억8800만원으로 전년동기 대비 36.5% 감소했다. 같은 기간 매출은 5조5647억6500만원으로 6.7% 줄었다. 당기순이익은 4933억4500만원으로 21.6% 감소했다. 2023년 연간 영업이익은 1조6333억6900만원으로 전년대비 9.7% 감소했다. 연간 매출은 22조7083억원으로 12.8% 증가하며 사상 최대치를 기록했다. 연간 당기순이익은 2조660억4700만원으로 1.3% 늘었다.

2023년 4분기 사업부별 실적을 보면 전지 부문 매출은 4조9983억원으로 전년동기 대비 3433억원(6.4%↓), 전분기 대비 3416억원(6.4%↓) 감소했다. 영업이익은 2261억원으로 전년동기 대비 1330억원(37.0%↓), 전분기 대비 1857억원(45.1%↓) 줄었다. 영업이익률은 4.5%를 기록했다.

중대형 전지는 전분기와 동등한 수준의 매출을 유지했다. 자동차 전지는 프리미엄 차량에 탑재되는 P5 판매가 지속 확대되며 매출이 증가했다. ESS(에너지저장장치) 전지는 전력용 판매 감소 영향으로 매출이 줄었다. 영업이익은 원소재가 하락에 따른 단기 손익 영향 등으로 인해 전분기 대비 하락했다.

소형 전지는 전동공구, 마이크로 모빌리티, IT 제품 등의 수요 회복이 지연되며 시장 재고가 증가함에 따라 매출과 영업이익이 영향을 받았다.

전자재료 부문 매출은 5665억원으로 전년동기 대비 578억원(9.3%↓), 전분기 대비 417억원(6.9%↓) 각각 감소했다. 영업이익은 857억원으로 전년동기 대비 460억원(35.0%↓) 감소, 전분기 대비 15억원(1.6%↑) 소폭 개선됐다.

전자재료 부문은 OLED 소재의 신규 플랫폼 양산으로 매출이 지속 확대됐다. 반도체 소재는 시장 수요 회복과 신제품 진입으로 전분기 대비 매출과 수익성이 증가했다. 편광필름은 수요 둔화의 영향으로 매출이 감소했다.

삼성SDI는 2024년 1분기 중대형 전지의 경우 신규 제품의 판매 확대를 추진할 계획이다. 자동차 전지는 고용량 프리미엄 배터리 P6 제품의 양산을 본격적으로 시작해 매출 확대를 추진하고 수익성도 개선해 나갈 방침이다.

ESS 전지는 에너지밀도와 안전성을 강화한 일체형 ESS 시스템인 'SBB(삼성 배터리 박스)'의 확판을 추진한다는 계획이다.

소형 전지는 계절적 비수기 영향으로 판매가 감소할 것으로 전망했다. 원형 전지는 수요 증가가 기대되는 동서남아 시장 등 신규고객 확보를 추진하고 46Φ(파이) 전지의 샘플 공급 및 신규 수주 활동을 이어갈 계획이다. 파우치형 전지는 신규 플래그십 스마트폰 출시 효과로 매출이 증가할 전망이다.

전자재료 부문은 계절적 비수기 영향으로 매출 감소가 예상됐다. 다만 반도체 소재는 전방 수요 회복 및 신제품 판매 확대 등 매출 증가가 기대된다고 회사 측은 설명했다.

삼성SDI는 올해 자동차 전지 시장이 전년대비 약 18% 성장한 약 1848억달러에 이를 것으로 전망했다.

고금리 지속 및 경기 침체로 단기적인 성장세 둔화가 예상되지만 금리 인하 전망 등으로 하반기 성장세 회복을 기대했다. 미국의 IRA(인플레이션감축법) 및 2025년 유럽의 이산화탄소(CO2) 규제 강화 등 친환경 정책 영향으로 중장기적으로는 성장이 지속될 것으로 전망했다.

삼성SDI는 P5 및 P6 등 프리미엄 제품의 판매 확대를 통해 매출 및 수익성을 제고하고 신규 플랫폼 수주와 미국 신규 거점 가동을 차질없이 준비할 계획이다.

ESS 전지 시장은 256억달러 규모로 전년대비 18% 성장할 것으로 내다봤다. 북미, 유럽, 중국 등 주요 시장의 성장이 지속되는 가운데 ESS 산업 발전 정책에 따른 국내 및 남미 등의 신규 수요가 증가할 것으로 기대했다.

삼성SDI는 SBB 등 신제품을 활용한 신규 수주를 확대하고 시장의 수요에 대응할 수 있는 LFP 제품을 준비한다는 방침이다.

소형전지 시장은 전년대비 3% 성장한 438억달러 규모로 예측됐다. 원형 전지를 채용하는 OEM(주문자상표부착방식)의 판매 확대 및 동서남아 E-Scooter 등 시장 성장은 지속될 것으로 예상했다.

IT용 소형 전지 수요는 전년대비 증가할 것으로 전망되고 특히 스마트폰 전지는 플래그십 모델 중심으로 확대될 것으로 기대했다.

삼성SDI는 신규 애플리케이션 및 신규 비즈니스 기회를 발굴하고 신제품을 적기에 개발해 시장 경쟁력을 확보한다는 방침이다.

올해 전자재료 시장은 대면적 LCD TV 및 모바일 OLED 패널, 반도체 소재 등 고부가가치 소재를 중심으로 수요 증가를 전망했다. 삼성SDI는 고부가가치 제품 공급을 확대하고 고객 다변화 및 고기능성 신제품 소재의 적기 진입으로 매출 성장과 수익성 향상을 달성한다는 계획이다.[72]

---

72) 삼성SDI 작년 영업익 1.6조원 전년비 9.7%↓. 포쓰저널. 2024.01.30.

2) LG디스플레이

매출 및 손익

You Dream, We Display.

(단위 : 십억원, %)

	Q4'22	Q3'23	Q4'23	QoQ	YoY
매출	7,302	4,785	**7,396**	55%	1%
영업이익	-876 (12%)	-662 (14%)	**132** (2%)	N/A	N/A
EBITDA*	209 (3%)	382 (8%)	**1,272** (17%)	233%	509%
법인세차감전 순이익	-1,860	-1,006	**19**	N/A	N/A
당기순이익	-2,094	-775	**51**	N/A	N/A

* EBITDA 영업이익 + 감가상각비 + 무형자산상각비 출처: Unaudited, Company financials K-IFRS(연결기준)
※ 합계 금액과 합산된 금액의 차이는 반올림에 의한 차이입니다.

상세 사유

매출/손익

(매출) 모바일용 OLED 제품 및 중대형 제품 출하 확대

(손익) 고부가 가치 제품 비중 확대 원가 혁신 및 운영 효율화 활동으로 수익성 개선

주요 변동 내용

(TV/IT) 계절적 성수기 효과에 따른 출하 증가

(Mo/etc) 모바일용 OLED 제품 출하 확대

03

그림 70 LG디스플레이 매출 및 손익

LG디스플레이가 2023년 4분기 매출 7조3959억원, 영업이익 1317억원을 기록했다고 24일 밝혔다. 전년 동기보다 매출은 1.3% 늘었고, 영업손익은 흑자전환했다. 7개 분기 만의 영업흑자다. 전 분기 대비로는 매출이 54.6% 늘었다.

2023년 연간 실적은 매출 21조3310억원, 영업손실 2조5090억원이다. 매출은 전년비 18% 줄었고, 영업손실이 이어졌다. 최근 3년간 실적은 △2021년 매출 29조8780억원, 영업이익 2조2310억원 △2022년 매출 26조1520억원, 영업손실 2조850억원 △2023년 매출 21조3310억원, 영업손실 2조5090억원 등이다.

2023년 4분기 매출은 모바일 OLED 패널과 연말 성수기 수요 대응 위한 TV, IT용 중대형 제품군 패널 출하 확대로, 전 분기보다 55% 증가한 7조3959억원을 기록했다. 사업구조 고도화 성과가 가시화되며 OLED 중심 고부가가치 제품 비중이 확대되는 가운데, 원가혁신, 운영 효율화 활동 등을 지속 추진하며 수익성이 개선돼, 지난해 4분기에는 7개 분기 만에 흑자전환했다.

2023년까지는 역성장이 지속됐던 시장이 작년 연말 기준 과잉재고 조금 해소되고, 전체 글로벌 경제 환경이 아직은 변동성과 불확실성 있지만, 조금씩 개선되는 추세이

기 때문에, 이런 부분 영향으로 TV 시장은 소폭 성장 전환할 것으로 전망했다.

LG디스플레이가 항상 타깃으로 하는 하이엔드 시장도 점진적으로 개선될 것으로 예상하기 때문에, 이번 CES2024에서 선보였던, 두 번째 메타 2.0 기술까지 포함해서 하이엔드 제품에서 OLED 채용률이 지속 늘 것으로 예상하고 있고, 작년부터 시작했던 게이밍 사업에서도 조금씩 성과가 나오고 있기 때문에 전체 OLED 패널 출하량은 올해 증가할 것으로 전망했다.[73]

3) 주성 엔지니어링

주성 엔지니어링은 1995년 설립되었으며, 1997년에 국내 최초 반도체 전 공정장비 해외수출을 하였다. 녹색기술인증 "모듈 효율 10%이상의 실리콘 박막형 태양전지 제조기술"로 대만 넥스파워 태양전지용 단일장비 공급계약 체결을 하며, 세계 최초 차세대 반도체 장비 SDP CVD 장비 개발 및 특허 출원하여 시중에 출하하였다.

2020년 초, 주성엔지니어링은 경기도 용인시에 2만6000㎡ 규모의 용인 R&D센터를 구축했다. 신규 시설 투자 비용만 약 1300억원 규모다. 본사가 있는 경기도 광주는 이미 10개 건물에 연구 인력과 설비가 있다. 다만 서로 떨어져 있어 R&D 효율이 다소 떨어진다는 내부 판단이 내려졌다. 반면 용인 R&D센터는 반도체, 디스플레이, 태양광 장비 연구개발을 한 공간에서 진행함에 따라 각 분야의 장점을 융복합, 기술 개발의 시너지와 효율성을 극대화시킬 수 있었다는 것이 회사 측 설명이다.

용인 센터가 본격 가동되면서 경쟁력 있는 제품이 속속 시장에 나왔다. 반도체 초미세 공정과 OLED 디스플레이 대면적 증착 기술을 융복합한 기술을 바탕으로 35% 이상 효율 구현이 가능한 차세대 태양전지(Tandem) 기술을 시장에 최초로 선보일 수 있었다.

시공간분할(TSD) 방식을 적용한 반도체 증착 장비 개발도 완료했다. 시공간분할 반도체 증착 장비란 빠른 시간 안에 반도체 실리콘 기판을 공간 분할해서 특수물질로 균일하게 코팅하는 신개념 기술이 적용된 기계를 말한다. 세계 최초 성과다. 그 덕에 주성은 2021년 산업통상부로부터 '소재·부품·장비(소부장) 으뜸 기업'에 선정되기도 했다.

---

73) LG디스플레이 2023년 4분기 실적발표 컨퍼런스콜 전문. THEELEC. 2024.01.24.

또 다른 주성의 주력 장비 'SDP' 시스템이다. 'SDP' 시스템은 웨이퍼가 증착되는 공간인 챔버에서 웨이퍼 5~6장이 동시에 처리될 수 있어 단일 설비 대비 생산성이 높고 공정원가를 획기적으로 절감할 수 있다는 평가를 받는다. 세계 최고 기술 장비다 보니 국내외 반도체 회사가 서로 사 가려고 줄을 섰다. 당연히 높은 가격을 받을 수 있고, 이익률도 그만큼 높아졌다.

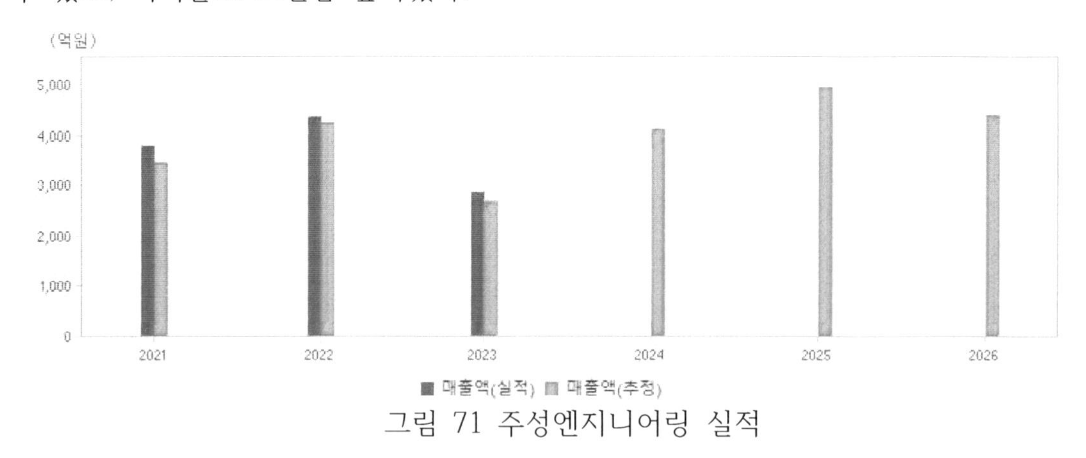

그림 71 주성엔지니어링 실적

회사 관계자는 "전 세계적으로 반도체 전쟁이 본격화하면서 메모리 분야뿐 아니라 비메모리까지 모든 차세대 공정에 변화의 바람이 불고 있다. 이런 시장 수요를 먼저 예측, 선제적으로 대응 가능한 장비를 개발한 것이 매출 확대에 큰 도움이 됐다. 디스플레이 사업 부문 역시 공정 다변화, 중소형, 대형 패널 장비의 하드웨어 확장을 통해 매출 확대에 기여하고 있다"고 소개했다.

주성엔지니어링의 2020년만 해도 연결 기준 매출액은 1185억원 정도였다. 1년 만에 3772억원으로 껑충 뛰었다. 2022년 1분기 매출액만 1092억원으로 2020년 연간 매출액에 육박한다. 영업이익은 315억원으로 제조업체로서는 달성하기 힘든 30%대 이익률을 자랑한다.[74]

주성엔지니어링은 연결재무제표 기준 2023년 매출 2847억원, 영업이익 289억원을 기록했다고 지난달 31일 공시했다. 2022년과 비교해 매출은 35%, 영업이익은 76% 줄었다. 창사 이래 최대 실적을 거둔 2022년과 달리 2023년 주력인 반도체 장비의 시장 환경이 악화한 탓이다. 매출 감소에도 신제품 개발을 위한 연구·개발(R&D)을 지속하며 수익성에 부담이 더해졌다. 주성엔지니어링은 "2022년 하반기부터 본격적으로 시작된 반도체 수요 둔화에 따른 전방업체들의 설비 투자 지연으로 매출이 감소했다"고 밝혔다.

74) 제조업체인데 이익률 30% 주성엔지니어링…시총 1조 돌파/매일경제

주성엔지니어링 연결재무제표 기준 실적 추이

	2022년 4분기	2023년 1분기	2023년 2분기	2023년 3분기	2023년 4분기 잠정
매출	1068억2400만원	687억500만원	316억6500만원	860억7100만원	983억400만원
반도체	640억4600만원	660억8700만원	302억4100만원	331억원	853억700만원
디스플레이	427억6700만원	26억1800만원	13억7700만원	26억8900만원	128억9300만원
태양전지	1100만원		4700만원	502억8200만원	1억400만원
영업이익	280억1800만원	115억9200만원	-87억3500만원	61억8100만원	198억9900만원

그림 72 주성엔지니어링 연결재무제표 기준 실적 추이

반도체 시장이 반등의 초입에 접어들었다는 점은 긍정적이다. 2023년 4분기만 놓고 보면 매출은 983억원, 영업이익은 199억원으로, 직전 분기보다 각각 14%, 222% 개선됐다. 시장에서는 주성엔지니어링의 주요 고객사 SK하이닉스를 중심으로 선단 D램 제조용 장비 투자가 본격화된 결과로 해석한다. 중국 고객사향 수주의 매출 인식 역시 확대된 것으로 파악된다. 4분기 반도체 장비 매출은 854억원으로 직전 분기의 331억원에서 두 배 이상 증가했다.

주성엔지니어링의 주력 제품은 반도체 제조용 원자층증착(ALD) 장비다. D램의 미세화 추세와 함께 점차 중요성이 높아지는 기술이다. D램의 정보를 저장하는 셀은 전하를 담는 커패시터(축전기)와 전하를 흐르게 하는 트랜지스터로 구성된다. 미세화로 셀의 크기가 작아지면 커패시터와 트랜지스터도 함께 작아지는데, 이때 커패시터는 크기가 줄어도 전하를 저장하는 능력을 유지해야 한다. 그러려면 전하를 더 많이 축적하는 '고유전율(하이K)' 물질을 커패시터 위에 얇게 증착하는 작업이 필요하다. 이때 활용되는 장비가 ALD다. 선단 공정일수록 활용도가 높아진다. 주성엔지니어링은 SK하이닉스의 캐패시터향 하이K ALD 장비를 납품하며, 일부 중국 반도체 업체도 고객으로 확보했다.

2024년에는 ALD 장비를 납품하는 고객사가 확대될 것이란 기대감도 높다. 시장에서는 해외 비메모리반도체(시스템반도체) 고객사향 신규 장비 계약이 올해 중 이뤄질 것이란 전망이 꾸준히 나온다. 같은 증착 공정이라도 메모리반도체보다 시스템반도체의 제조 난도가 높아, 부가가치를 극대화할 수 있다.[75]

75) 주성엔지니어링, 반도체 불황 속 '선단 D램'으로 희망 봤다. BLOTER. 2024.02.01.

4) 비아트론

2002년 연구소 설립 이래, 디스플레이 및 반도체 시장을 선도하는 세계적인 기술력을 확보하려는 노력 중에 있으며, OLED 디스플레이, 반도체, Flexible / Wearable 분야에서 빠른 속도로 발전하고 있다.

고속/고온 열처리가 가능한 Inline RTA 장비를 전 세계에 독점 공급하며 쌓은 다양한 고객 군과의 레퍼런스가 큰 장점이다. 특정 고객사의 발주에 의한 성장이 아닌 전방산업으로부터 전방적인 수혜를 가능하게 하였다. 2017년 고성장이 예상되는 중화권 수주로 인해 해외 고객사의 매출 비충은 약 70%수준에 육박할 것으로 예상되었다. 이처럼 다변화된 고객 군과의 레퍼런스로 인해 특정 고객사의 추자에 대한 의존도가 낮은 점에서 OLED 투자 사이클에서의 안정적인 수주의 원천이다.[76]

국내 OLED 장비 업체 중 중화권 디스플레이 투자로 인해 큰 수혜를 받을 것으로 전망된다. 기존 LCD의 경우, a-Si를 주로 이용했지만, a-Si가 처리할 수 있는 기술적 한계로 인해 OLED에서는 LTPS TFT가 사용된다. 고해상도와 고사양 디스플레이를 구현하기 위해 LCD에서도 LTPS가 사용되긴 하지만, 중소형 디스플레이 시장은 LTPS OLED로의 재편을 예상하며 이 과정에서 동사의 감점인 열처리 장비를 수요 상승이 필연적이다. 이보다 큰 수혜는 flexible OLED 증성에서 비롯될 것으로 전망된다.[77]

	RTA	Batch Furmace	PIC
적용 디스플레이	AM-OLED & LTPS LCD	Oxide TFT LCD / OLED TV	Flexible OLED
적용공정	선 수축 결정화 도펀트 활성화 탈수소화	탈수소화 도펀트 활성화 수소화 IGZO 열처리	폴리이미드 경화

표 19 비아트론 주요제품 현황

Flexible OLED를 구현하기 위해서는 추가적인 공정이 필수적인데, 이 중 하나가 PI 소재의 기판을 형성하는 PI Curing(PIC)공정이다. 자사는 PIC 장비 시장에서 높은 시장 지배력을 보유하고 있다.

76) 자료 : 동부증권, OLED 두 번째 봄은 시작되었다, 2017
77) 자료 : 동부증권, OLED 두 번째 봄은 시작되었다. 2017.

비아트론은 국내 기업뿐 아니라 중국 등 해외 고객사를 보유함으로써 글로벌 기업으로 성장했다. 2021년 BOE 등과 공급계약을 체결하는 등 안정적인 수주를 확보하고 있다.

비아트론이 속해 있는 디스플레이 제조용 장비 산업은 고객사인 디스플레이 산업 참여 업체들의 설비투자에 매우 민감한 특성을 가진다. 디스플레이 산업 특성상 호황과 불황이 주기적으로 반복돼 제조장비 및 부품 전문업체들의 매출 역시 큰 변동 폭을 가지는 특성이 있다.

해당 산업은 전방 산업의 투자 지연으로 실적 부진이 이어지고 있으며 비아트론의 사업구조 또한 디스플레이 산업에 높은 의존도를 보이고 있어 열처리 장비 전문기업의 향후 사업 및 제품 다각화를 통해 보완이 필요한 것으로 파악된다.

비아트론은 국내 최초 4면 열처리 기술 등이 적용된 장비 개발을 통해 국내 디스플레이 제조기업뿐만 아니라 중국 등 해외기업과의 신규 수주도 진행 중인 것으로 파악된다.[78)]

2022년 3월 중국 Wuhan China Star Optoelectronics Technology Co., Ltd.사와 145억원 규모 장비 공급 계약을 체결했다. 이번 계약은 디스플레이 제조용 장비 공급건으로 계약금액은 145억6,710만원이며, 이는 2021년 매출액 대비 15.73%에 해당한다.

비아트론은 중국의 디스플레이 업체 BOE와 206억 규모의 디스플레이 제조용 장비 공급 계약을 체결했다. 계약금액은 2022년 매출액 대비 28.02%에 해당한다.

비아트론이 다국적 반도체 후공정 업체와 레이저본딩(LAB) 시제품 생산을 위한 테스트 작업을 진행하고 있는 것으로 확인됐다.

현재 일본산에 의존하고 있는 레이저본딩 장비의 국산화 작업에 나서는 것으로 귀추가 주목된다. 향후 플립칩 볼그리드어레이(FC-BGA)에 대한 시장 확대 전망도 나와 우수한 기술력을 기반으로 점유율 확대가 예상된다.[79)]

---

78) 비아트론, 디스플레이 열처리 기술 보유...신기술 개발 추진-NICE평가정보 /파인낸셜뉴스
79) 비아트론, 日독점 레이저본딩 장비 대체...다국적기업과 시제품 생산 본격화/파인낸션뉴스

5) AP시스템

AP시스템은 1994년 창립 이래 끊임없이 연구 개발과 사업 확장을 통하여 글로벌시장에서 강자가 되기 위해 꾸준히 발전하여 장비사업으로 LCD장비, LED장비, AM-OLED장비, 반도체 장비로의 확장을 계속해 안정적인 사업과 제품군을 갖췄다.

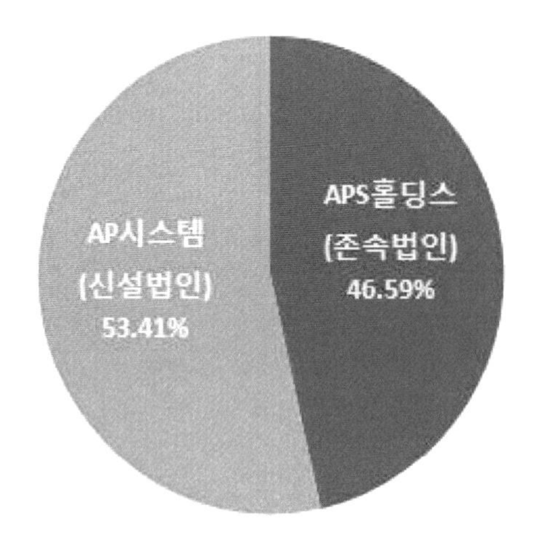

그림 73 AP 시스템 기업분할

AP시스템은 2016년 APS홀딩스와 AP시스템으로 인적분할을 하였다. 장비 사업은 신설 법인이 유지할 것이기 때문에 사업가치의 변화는 없을 것으로 예상된다. 지주회사 전환을 통한 사업부문의 역량 집중과 기업가치 제고를 목적으로 중장기적 기업 경쟁력 강화가 예상된다. 분할이 완료된 이후 지주 회사와 사업회사에 대한 구체적인 분석을 제시하고 한다.

	APS홀딩스 (존속법인)	AP시스템 (신설법인)
사업영역	지주회사	디스플레이/반도체 사업
분할비율	0.4658706	0.5341294

표 20 AP시스템 기업분할

향후, 삼성디스플레이의 A4라인 장비 수주와 중화권에서의 대규모 신규 수주도 예상되며 성장 가능성이 기대되는 기업 중 하나이다.

AP시스템의 장비 라인업 중에서 LTPS TFT에서 사용되는 ELA장비와 OLED 공정에서 사용되는 커버 글라스 장비와 LLO는 자사의 주 제품이다. 이 중 a-Si층을 poly-Si로 결정화하여 전자의 흐름을 원활하게 해주는 OLED용 ELA장비는 AP시스템이 글로벌 리더로써 시장을 거의 독점 하고 있다.[80)]

AP시스템이 2021년 연결 기준 매출 5287억원을 기록해 전년(5918억원)보다 10.6% 감소했지만, 영업이익은 창사 이래 최대치인 643억원을 올렸다. 영업이익은 전년(463억원) 대비 38.9% 증가했다. AP시스템은 반도체 사업 성장, OLED 신규 장비 등 제품 믹스 개선 및 원가 혁신을 사상 최고 영업이익 달성 요인으로 꼽았다.

AP시스템 매출 감소는 주력 업종인 디스플레이 전방산업 투자 부진이 원인이다. 신종 코로나바이러스 감염증(코로나19) 장기화도 매출 감소에 영향을 줬다.

그러나 반도체 장비 매출이 증가하면서 영업이익률은 오히려 개선됐다. AP시스템은 2021년 600억원을 상회하는 반도체 장비 매출을 기록해 전년(400억원)보다 약 50% 성장했다. 2021년 영업이익률은 12.1%로 전년(7.8%)보다 4.3%포인트 상승했다. 두 자릿수 영업이익률은 2021년도가 처음이다.

AP시스템은 현재 15% 수준인 반도체 장비 매출 비중을 향후 30%까지 높일 계획이다. 주력 장비인 RTP는 낸드플래시 공정 과정에만 공급하다가 2019년부터는 D램으로 범위를 넓혔고, 이제는 시스템반도체 쪽으로도 확장을 노리고 있다. 주요 고객사가 파운드리 생산라인을 올해 완공할 예정인 만큼 장비 투자 확대가 전망된다.

원가 절감을 통한 비용 통제도 영업이익 개선에 긍정적인 영향을 미쳤다. 원자재 값 상승에 대비하며 선제 발주한 것이 비용절감으로 이어졌다. 또 현금 운용에 집중하면서 부채 비율도 2020년 168%에서 지난해 123%로 낮아졌다.

AP시스템 관계자는 “2022년 초 수주 잔고가 지난해 초보다 조금 감소하기는 했다” 면서도 "그러나 장비사 특성상 연구개발(R&D)을 멈출 수는 없어서 신규 제품에 대한 R&D에 집중하고, 기존에 해왔던 대로 수익성을 계속 지켜나갈 것"이라고 말했다.[81)]

---

80) 자료 : 동부증권, OLED 두 번째 봄은 시작되었다, 2017.
81) AP시스템, 매출 감소에도 사상 최대 영업이익…효자는 ‘반도체 장비’/시사저널e

6) SFA

SFA는 1998년 삼성항공(현 한화테크윈)의 자동화사업부가 분사하면서 설립됐고, 2001년 코스닥 시장에 상장됐다. 디스플레이 장비 사업을 중심으로 성장해왔지만 디스플레이 산업의 장비 투자 사이클이 침체되면서, 2010년 후반 본격 사업구조 개편에 돌입했다.

SFA는 2017년부터 스마트팩토리 기술을 내재화해 독자 개발한 스마트팩토리 솔루션을 탑재한 스마트장비를 출시했다. SFA 관계자는 "SFA는 각종 제조장비 제작은 물론, 라인구성, 운영을 직접 해왔기 때문에 SW업체들이 모방할 수 없는 현장 중심의 기술 솔루션을 개발했다"면서, "뼈대가 되는 공장 내 물류 자동화를 바탕으로 개별 공정장비, 검사측정기까지 아우르는 종합 스마트팩토리 구축이 가능하다"고 밝혔다.

이차전지 부문은 2021년 회사 전체 수주액의 28%를 차지하면서 핵심성장 축으로 떠오르고 있다. SFA는 이차전지에 특화된 전체 생산 공정 물류자동화 시스템을 기반으로 핵심공정장비를 속속 개발완료 하고 있다.

SFA가 2021년을 기점으로 성공적인 사업구조 다각화를 이뤄내며, 기술경쟁력 포인트로 삼았던 '스마트팩토리' 기반 솔루션과 함께 명실상부한 종합장비업체로 변모했다. 회사의 성장동력이었던 디스플레이 부문에서 쌓았던 코어기술과 스마트팩토리에서의 AI 기술이 성숙해 가면서 사업영역도 추가 확산될 것으로 보인다.[82)]

SFA는 2023년 3분기 매출액은 2,181억으로 지난해 같은 기간 대비 8% 증가했다고 지난 14일 밝혔다. 다만 영업이익은 2022년 같은 기간 대비 67% 감소한 88억원을 기록했다.

연결 기준 실적은 3,804억원이다. 2022년 같은 기간보다 9% 감소한 수치다. 영업이익도 22억원으로 지난해 같은 기간 대비 95% 감소했다. SFA는 수익성 하락에 대한 주요 요인은 SFA의 수익성 하락과 함께 반도체산업 불황으로 주요 종속회사인 SFA반도체 실적이 급감했기 때문이라고 전했다.

---

82) SFA, "이차전지 글로벌 풀 턴키 수주 위한 사업 기반 마련"/인더스트리뉴스

현재 SFA는 디스플레이 중심에서 이차전지·반도체·유통 등 비디스플레이 중심으로 성공적인 사업 전환을 통해 수주 실적 급성장 추세를 다지고 있으며, 연결 기준 실적 회복을 예상하고 있다. 구체적으로 SFA반도체에 대한 점진적인 매출 외형 확대와 수익성 회복이 기대된다. 올해 하반기 이후 업황이 호전될 것이라는 전망과 함께 SFA 내에서도 비용 절감 등 자구 노력을 이어가고 있기 때문으로 분석된다.[83)]

7) 덕산네오룩스

덕산네오룩스는 2014년 12월 31일 덕산하이메탈에서 인적분할 후 신설된 회사이며 AMOLED 유기물 재료 및 반도체 공정용 화학제품을 제조/판매하는 화학소재사업을 영위하고 있다.

OLED의 핵심 구성요소인 유기재료를 생산하는 회사이며 HTL과 Red Host 등을 주력 제품으로 개발 및 양산하여 공급을 하고 있으며 지속적인 R&D를 통하여 여타 유기재료 개발에도 주력하고 있다. 고객사와의 긴밀한 관계성 및 고순도의 정제 능력을 보유하고 있으며, 고품질의 원재료 구매 능력과 높은 수율이 강점이다.[84)]

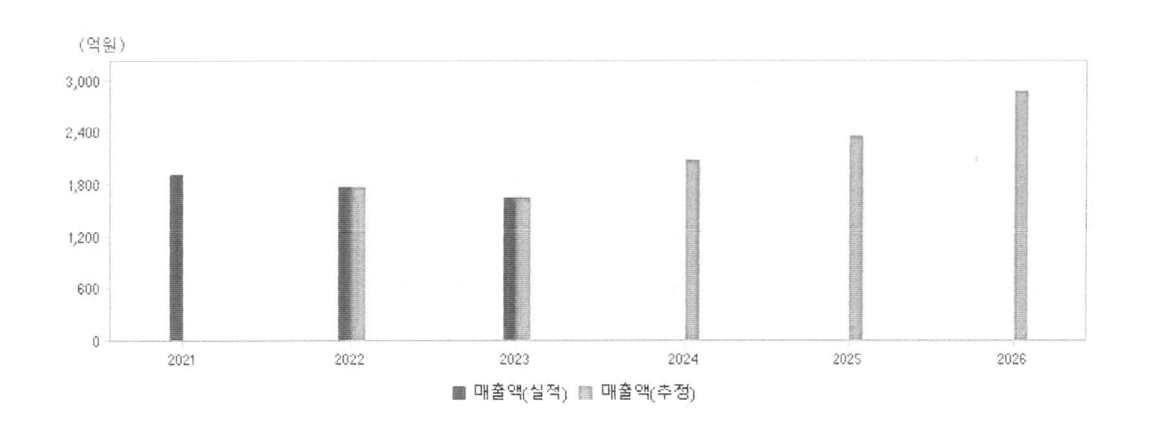

그림 74 덕산네오룩스 최근 연간 실적과 추정 매출액

덕산네오룩스는 삼성디스플레이와 협력관계로 갤럭시 S8시리즈에 덕산네오룩스가 공급하는 OLED레드 소재가 들어갔다. 삼성디스플레이를 통해 삼성전자 스마트폰에 최종 공급하는 구조이다. 차기 아이폰에도 덕산네오룩스 OLED 레드 소재가 채택됐다. 삼성디스플레이를 거쳐 애플에 납품되는 방식이다. 덕산네오룩스는 OLED가 들어가는

83) SFA, 매출액 증가에도 올해 3분기 영업이익 감소. 인더스트리 뉴스. 2023.11.15
84) 와이즈에프엔

유기재료 가운데 HTL과 레드호스트를 생산하다. 월 1.5톤, 연간으로는 약 18톤을 생산할 수 있는 능력을 갖췄다. HTL은 정공발생층(HIL)에서 발생한 정공이 유기발광층(EML)으로 쉽게 이동할 수 있도록 한다.

전문가들은 덕산네오룩스에 대해 "국내 고객사의 QD-OLED를 적용한 TV의 생산이 가시화됨에 따라, OLED 소재를 납품하는 동사 제품에 대한 수요가 커질 전망 뿐만 아니라 기존에는 OLED 패널이 적용되지 않았던, 노트북 라인이 21년 OLED를 채택한 10가지 모델 라인업 출시를 발표 했고 OLED 노트북 라인에 기존 휴대폰에 채택되었던 소재 구조를 동일하게 적용하여 동사의 수혜가 예상된다."고 분석했다.[85)]

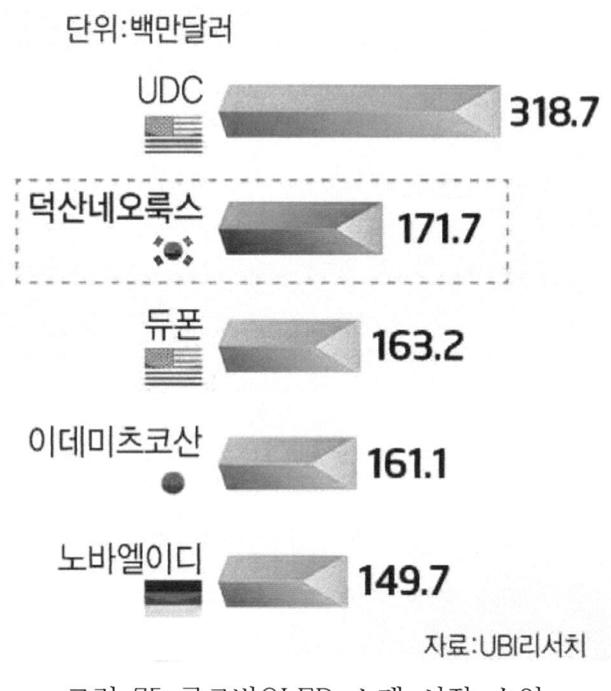

그림 75 글로벌OLED 소재 시장 순위

덕산네오룩스가 OLED 발광 소재 공장을 증설한다. 신규 공장 건설을 위해 258억원을 들여 충남 천안시 테크노파크 일반산업단지 부지를 매입하기로 했다. 덕산네오룩스 관계자는 “258억원을 조기 집행해 2024년까지 OLED 소재 생산 규모를 3배 이상 확대할 계획”이라고 말했다. 덕산네오룩스는 2021년 천안시 서북구 본사 사업장 생산 능력을 확대했다. 모바일과 함께 정보기술(IT) 기기용 OLED 발광 소재 생산량을 월 1.7톤에서 2.5톤으로 늘렸다. 또 TV용 비발광 재료 출하에 맞춰 30톤 규모의 신규 투자에 나섰다.

85) 덕산네오룩스, 증권사 목표가 상향에 강세…3.34%/매일경제

덕산네오룩스는 OLED 발광 소재 수요가 급증하면서 2021년 매출1900억원을 기록, 세계 2위 OLED 소재 업체로 도약했다. 스마트폰에 이어 TV로 OLED 수요가 크게 늘어난 영향이다. TV용 비발광 소재 제품도 양산했다. 덕산네오룩스는 2021년 하반기에 비발광 신소재인 블랙 PDL 양산에 성공했다. 블랙 PDL은 100% 수입에 의존해 온 제품으로 삼성전자 갤럭시 Z폴드3에 처음 적용됐다.[86]
덕산네오룩스의 2023년 4분기 매출액은 전년 동기대비 5.3% 줄어든 461억원, 영업이익은 6.8% 증가한 108억원을 기록할 것으로 예상된다. 3분기부터 시작된 폴더블과 아이폰향 매출이 4분기까지 반영되는 효과라고 밝혔다.

최근 스마트폰 시장 수요 회복세가 더뎌 스마트폰용 OLED 패널 수요 증가세는 제한적인 상황이다. 신규 IT 기기에서의 OLED 패널 채택은 지속적으로 확대되고 있다는 점은 긍정적인 요인이다.

특히 2024년 2분기 출시 예정인 아이패드 프로 신제품에 처음으로 OLED 패널이 채택될 예정이기 때문에 내년 초부터 관련 업체들의 소재 출하가 시작될 것으로 예상했다. 아이패드용 OLED 패널은 높은 휘도와 장수명 특성을 확보하기 위해 2텐덤 구조를 적용하기 때문에 스마트폰 대비 화면 크기와 두께 측면에서 모두 소재 사용량이 증가할 수 있다고 전망했다.

8) 원익IPS

원익IPS는 인적분할로 설립된 신설회사로 2016년 5월 재상장 하였으며, 분할 전 회사인 원익홀딩스가 영위하던 사업 중 반도체, Display 및 Solar 장비의 제조 사업 부문을 담당하고 있다. 1991년 가스사업을 시작으로 1996년 반도체 장비사업에 진출한 이후 1998년 세계 최초로 ALD 장비 양산에 성공하면서 반도체 장비 분야의 핵심기업으로 발돋움했다. 2004년에는 반도체 CVD 장비 개발 및 양산에 성공하였으며, 현재 반도체 전(前)공정 핵심장비와 DISPLAY 장비, SOLAR CELL장비, AMOLED장비 등을 제조·판매하는 국내 최대의 반도체 종합 장비업체이다.

계속해서 R&D(연구개발)을 통한 사업다각화로 Display Dry Etcher, SOLAR CELL 장비 개발 및 양산에 성공함으로써 미래지향적 기업을 위한 토대를 만들었다. 원익IPS의 Display Dry Etcher는 기판 위에 원하는 패턴을 형성하기 위한 핵심공정 장

86) 덕산네오룩스, OLED 소재공장 증설에 258억 투자/전자신문

비다. 최근 급성장 중인 대형TV, AM-OLED/LTPS 시장 등에 적극 대응하기 위해 개발됐다.

2010년 12월에는 (주)아토와 (주)아이피에스의 합병을 통해 일반적인 장비회사와 다른 반도체, Display, SOLAR라는 차별화된 사업포트폴리오를 갖춘 종합 장비회사로 거듭나게 됐다.

초기 양산용 설비를 개발할 당시에는 반도체 기초 산업이 취약한 국내에서 순수 자기 기술을 확보하는 것에 많은 어려움이 있었다. 하지만 지속적인 R&D를 통해 기술력을 키움으로써 세계적 기업들과 승부하며 주요 핵심장비에 대한 국산화에 성공했다. 1992년 반도체용 Gas cabinet 장치사업을 시작으로 꾸준한 연구개발과 투자를 통해 수입에 의존하던 Gas 공급장치 국산화에 성공하기에 이르렀다.

또 반도체 공정용 ALD 증착 장비를 세계 최초로 개발 및 납품하게 됐다. 이후 PECVD용 장비의 국산화 성공, TFT-LCD 8세대 Dry Ethcher 국내 최초 개발에 성공하는 등 반도체뿐만 아니라, LCD·SOLAR·AMOELED 등 다양한 분야에서 국산화 및 신제품 개발에 성과를 이뤘다.

반도체 기술의 발전 속도 및 반도체의 세대교체가 주기적으로 진행되므로 장비의 평균 기술 수명은 약 5년 정도이다. 동사는 TFT-LCD 공정 중에 TFT-Array 공정에 Dry Etcher 장비를 주로 납품하며, TFT Backplane 공정상 필요한 Dry Etcher 장비의 경우 양산장비로 납품을 진행하고 있다.[87]

원익IPS의 주요 제품군을 살펴보면 다음과 같다. 반도체는 크게 전(前)공정과 후(後)공정으로 분류할 수 있다. 전(前)공정은 웨이퍼 위에 직접 가공 및 회로를 만드는 과정이며, 후(後)공정은 기판 위에 만들어진 회로들을 하나하나씩 자르고 외부와 접속할 선을 연결하고 패키징 하는 과정이다.

원익IPS는 전(前)공정 장비 중 핵심 공정인 증착(CVD/ALD)공정장비를 제조하고 있다. 증착 공정장비는 크게 화학적 기상증착(CVD : Chemical Vapor Deposition)과 원자층 증착(ALD : Atomic Layer Deposition)으로 분류할 수 있다. 반도체 제조 전공정 중 핵심인, 웨이퍼 위에 가스를 공급, 열과 플라즈마를 이용해 화학적 반응을

87) 와이즈에프엔

통한 박막을 형성시켜 절연막, 보호막, 금속막 등을 증착시키는 장비로 PECVD · ALD · CVD 장비를 생산하고 있다.

구분	반도체	Display	Solar cell
증착장비	PE-CVD ALD/CVD METAL ALD/CVD BW ALD OXIDE		PECVD
식각장비		DRY ETCHER (TFT-LCD, AMOLED)	RIE-ETCHER

표 21 반도체 군

원익IPS는 2022년 3월 평택시 진위 사업장의 제3 산단 반도체 장비 제조 공장을 완공했다. 부지 면적은 7720평이며, 기존 본사 생산 공장의 클린룸 등 주요 제조 설비를 신규 공장으로 이전하고, 원익IPS 본사가 있는 진위 사업장은 반도체와 디스플레이 통합 센터로 운영하고 있다. 반도체 장비 제조의 경우 월 30시스템(대)을 생산할 수 있다. 신규 공장은 월 50시스템까지 제조가 가능하다. 이현덕 원익IPS 대표는 "부지와 유휴 공간을 고려하면 기존 진위 사업장 대비 최대 2배 가까운 생산 능력을 확보할 수 있을 것"이라고 밝혔다.

원익IPS는 반도체 시장 확대와 함께 생산 능력을 꾸준히 길러 왔다. 2019년 원익IPS 평균 반도체 장비 생산 능력은 월 36대에서 2020년 월 42대로 약 17% 늘었다. 이번 진위 신규 공장이 본격 가동하면 원익IPS 전체 생산 능력은 월 평균 55대 안팎이 될 것으로 전망된다. 2019년 대비 50% 이상 늘어난 규모다. 원익IPS는 현재 진위 사업장 외 안성 사업장에서 반도체 장비를 생산한다. 동탄 사업장에서는 반도체 설비 개발에 집중하고 있다.

원익IPS는 향후 메모리 반도체용 장비뿐만 아니라 시스템 장비 기술 개발로 제품 포트폴리오를 확대할 계획이다. 반도체 업계의 파운드리 인프라 투자에 대응, 신성장 동력을 확보하기 위한 차원이다.[88]

88) 원익IPS, 내달 평택 신공장 완공...생산량 2배 확대/전자신문

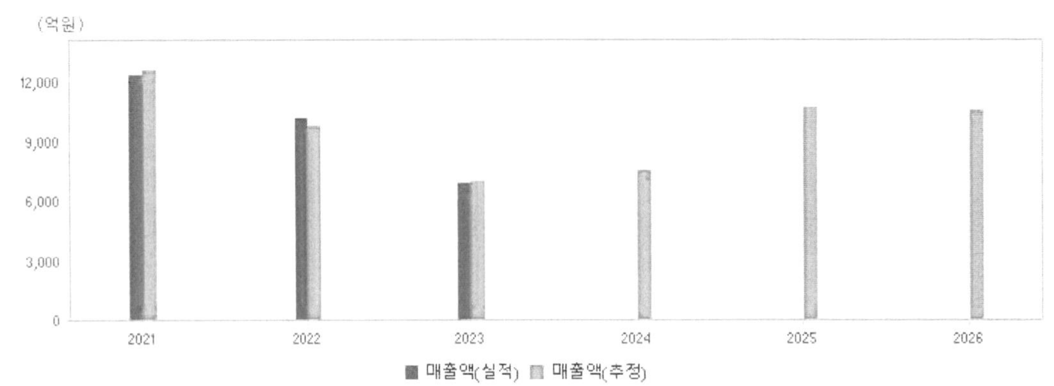

그림 76 원익IPS 최근 연간 실적과 추정 매출액

원익IPS는 2022년 1분기 매출 2087억원을 기록했다. 2021년 같은 기간보다 18% 줄었다. 주요 장비 부품 공급난이 지속되면서 원익IPS 장비의 인도 시점 역시 지연돼 매출 반영 시점이 2분기로 밀린 탓이라고 업계는 보고 있다.

주 매출원인 반도체에서 1536억원을, 디스플레이 장비는 중국 디스플레이사의 OLED 투자에 힘입어 550억원을 기록했다. 주 고객사인 삼성전자의 반도체 투자 계획이 변함없음에도 부품 수급난에 따라 장비 입고 일정이 지연, 매출 인식 시기가 다소 늦게 나타나고 있다고 분석했다. 삼성전자의 평택 3공장으로의 장비 매출은 오는 3분기부터 반영될 것이란 전망이다.

1분기 원익IPS의 영업이익은 220억원으로 전년 동기 대비로는 9% 정도 줄었으나, 직전 분기와 비교하면 흑자 전환했다.[89]

원익IPS의 2023년 4분기 매출액은 전년 동기대비 34% 줄어든 2254억원, 영업이익은 55% 감소한 121억원을 기록, 컨센서스를 각각 3%, 27% 하회했다. 수익성 좋은 반도체 매출이 기대보다 적은 반면, 적자 상태인 디스플레이 매출이 29%를 차지했기 때문이라고 밝혔다.

수요 부진으로 모바일, 서버 채널재고가 계속 증가하고 있는 가운데, 원익IPS 메모리 고객사들은 D램(공정전환과 HBM 위주)만 투자를 늘리고, 낸드는 올해도 투자 축소가 예상되며, 전략 고객의 파운드리 투자규모 역시 올해는 축소될 전망이라고 밝혔다.[90]

89) 품난에 직격탄…원익IPS 1분기 매출 2087억, 전년비 18% 감소/조선비즈
90) 원익IPS, 봄은 멀고 겨울은 더 길어질 듯하다". Insight Korea. 2024.02.26.

9) 이오테크닉스

이오테크닉스는 반도체 레이저 마커, 레이저 응용기기 제조 및 판매를 주된 사업으로 한다. 1989년 4월 1일 이오테크닉스로 창립하여 1993년 12월 30일 지금의 명칭으로 법인 전환하였다. 1994년 12월 부설 기술연구소를 설립하였고, 1996년 국산 신기술을 인정하는 KT마크를 획득하고 유망 선진기술기업으로 지정되었다. 1997년 정밀기술경진대회에서 중소기업청장상을 받았고, 1998년 벤처기업에 지정되었으며, 산업자원부로부터 세계 우수 자본재로 지정되었다. 1999년 기술경쟁력 우수기업으로 지정되었고, 미국과 싱가포르에 현지법인을 설립하였다. 2000년 8월 코스닥에 상장하였고, 11월 '1000만 달러 수출의 탑'을 수상하였다.[91]

동사의 핵심 사업은 레이저를 이용하여 반도체, PCB, 디스플레이 산업의 주요 생산장비 제조 및 공급하는 사업이다. 현재 레이저 마커가 주 사업이며, 동 사업에서 축적된 노하우를 바탕으로 개발한 장비들을 공급 중이다.

레이저 마커 및 레이저 응용기기의 전체적인 시장 규모는 계속적으로 빠르게 성장하고 있으며 고객으로부터 고품질의 마킹 및 가공 능력의 요구에 따라 꾸준한 기술 개발이 진행 중이다. 멀티빔 레이저마커, 커팅 관련 응용 장비, Solar Cell 관련 장비 분야로의 지속적인 연구개발 활동 중이며 매출구성은 레이저마커 및 응용기기 74.46%, 기타 25.54% 등으로 구성되어 있다.

2016년 기존 반도체 장비 중심의 매출구조에서 디스플레이로 변화를 시도했으며, OLED 핵심장비인 폴리아미드커터(OLED 원료인 폴리아미드를 가공하는 장비)와 레이저 리프트오프(OLED용 필름 가공 장비) 등의 상승세로 매출액이 상승한 바 있다.

2021년 현재, 이오테크닉스가 반도체 장비 시장에서 글로벌 강자인 일본 디스코(DISCO)를 맹추격하고 있다. 반도체산업은 기술 고도화에 따라 공정 과정에서도 미세화 진행 속도가 빨라지고 있다. 이런 추세에서 레이저 장비 수요는 더욱 늘어날 것으로 보인다. 여기에 2019년 일본 수출규제도 호재로 다가왔다.

자체적으로 레이저 가공기 제조를 위한 '수직통합(Vertical Integration) 체계'를 구축해 코로나19 등 위기 상황에서도 버틸 수 있는 기반을 마련했다. 여기에 반도체 업

91) 네이버 지식백과

황 호조 기대감에 따른 실적 회복세 전망도 나온다.92)

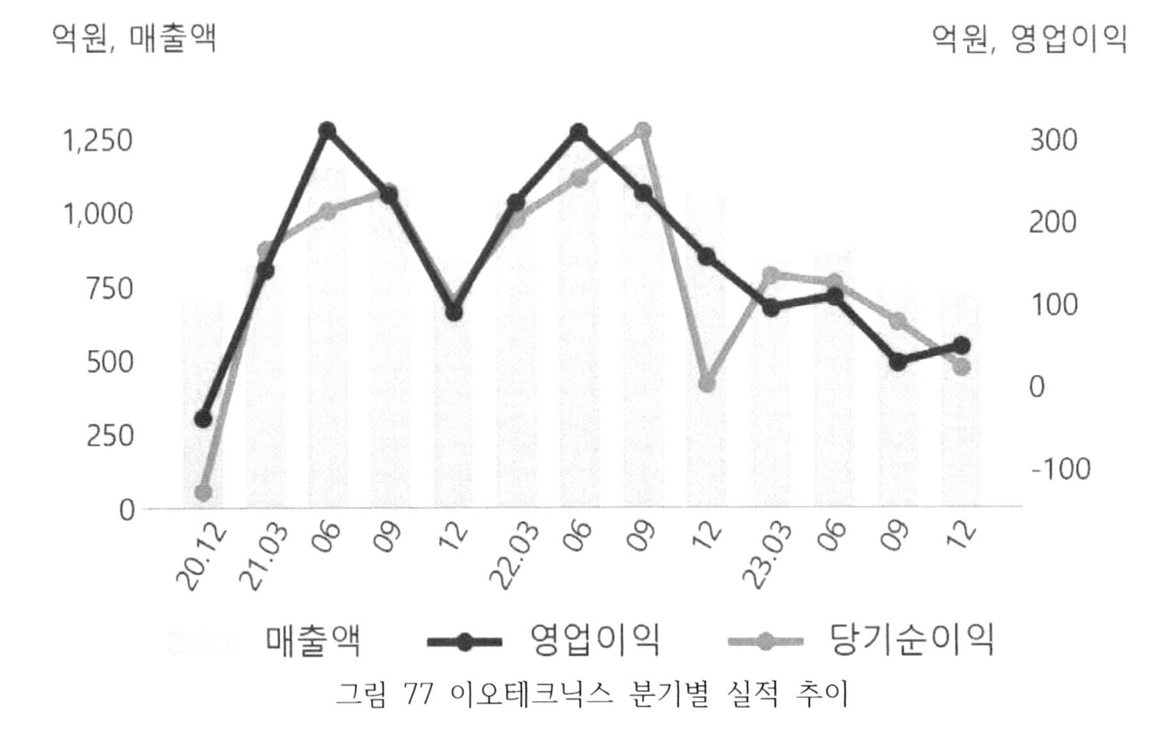

그림 77 이오테크닉스 분기별 실적 추이

수익성은 대체로 반도체 업황 사이클 영향권에 놓여있다. 2020년부터 반등하는 모습을 보이고 있다. 2022년 3분기 영업이익과 당기순이익은 2019년 동기 대비 각각 526%, 143.2% 증가한 423억 원, 343억 원을 기록했다. 같은 기간 매출액은 2553억 원으로 63.6% 늘었다.

2022년 1분기 영업이익이 224억8400만원으로 전년 동기보다 56.8% 증가했다. 2022년 1분기 매출액은 26.36% 늘어난 1039억4200만원, 당기순이익은 21.04% 증가한 203억2100만원을 각각 기록했다.

이오테크닉스가 8년에 걸쳐 개발에 성공한 레이저 어닐링 장비가 고객사의 최신 미세공정에 향후에도 채택될 가능성이 높다. 전문가들은 스텔스 다이싱 장비도 대규모 실적을 낼 것으로 기대하고 있다. 이들 장비 부분에서 발생된 매출 규모는 2021년 750억원에서 2022년 1280억원으로 증가할 것으로 분석했다.93)

이오테크닉스는 2023년 4분기 연결기준 영업이익이 48.3억원을 기록해 전년 동기대비 -69% 감소한 것으로 집계됐다고 공시했다. 같은 기간 매출액은 -32% 감소한

92) 이오테크닉스, 日 디스코 맹추격/더벨
93)이오테크닉스 부진한 흐름 끝, 본격적인 성장 전망한 리포트/머니투데이

716억원을 기록했다. 이번에 회사가 발표한 영업이익은 시장 전망치인 94억원 보다도 크게 못 미친 것으로 나타났다. 매출액 또한 시장 예측 보다 -12% 낮은 수준이었다.

10) 이녹스첨단소재

이녹스첨단소재는 인적분할로 설립된 신설회사로 2017년 7월 재상장 하였으며 분할 전 회사인 이녹스가 영위하던 사업 중 FPCB용 소재, 반도체 PKG용 소재, 디스플레이용 OLED소재 등의 개발, 제조 및 판매를 영위하고 있다.

2001년 이녹스첨단소재는 일본 업체들이 주름잡던 FPCB소재 시장에 과감히 뛰어들어 정확히 3년 뒤 FPCB소재 국산화에 성공했다. 이어 FPCB 소재뿐만 아니라 소재의 원료가 되는 PI필름과 동박 등까지 국산화에 매달려 성과를 냈다. 이듬해에는 일본 업체를 제치고 첫 매출을 올리며 연 매출 200억 원대를 기록하기도 했다.

이녹스첨단소재가 조금씩 성장하자 한화나 두산, SK코오롱 등 대기업들도 FPCB시장에 속속 들어오기 시작했다. 당시 일본 업체들까지 포함해 총 12개사들이 치열하게 경쟁을 펼쳤다. 이는 곧 FPCB의 극심한 판가 하락으로 이어졌고 2006년에 2만 원대이던 주력제품 가격이 2008년이 되자 약 5000원까지 떨어졌다.

하지만 이 상황에도 이녹스는 2006년 코스닥에 상장하며 몸집을 불렸고 반도체 소재 사업을 확장하며 꾸준히 기술개발에 주력했다. 2008년이 되어서는 친환경 소재 개발에도 착수했고 매출은 300억 원대로 올라섰다.

이녹스는 지난 2009년부터 본격적으로 성장하기 시작했다. FPCB시장에서 난립하던 경쟁사를 물리치고 이녹스와 한화그룹의 건축자재 및 부품소재 계열사 한화L&C 두 회사만이 과점 체제를 구축한 것이다. 이 덕분에 이녹스는 2009년 매출 700억 원을 넘어섰고 2017년에는 1000억 원을 돌파하며 눈부시게 성장했다.

현재 FPCB등 전방기업들이 포진되어있는 국내에 세계 최대의 FPCB 소재 생산능력을 갖춘 사업장을 보유하고 있으며 과점적 인지도와 시장지배력을 바탕으로 기술적 우위와 가격 경쟁력을 보유하고 있다.

이전에 100% 수입에 의존하던 핵심소재인 반도체 PKG용 소재를 국내 기업들 중 유일하게 풀라인업을 갖추어 시장에 공급하고 있고, 반도체 PKG용 소재의 채용은 전방

업체의 지정에 의해 100% 좌우되며, 동사는 LOC Tape의 전방업체인 Hynix의 사용 승인을 획득하여 Hynix의 Vendor인 각 Lead Frame업체에의 공급이 가능하다. 매출구성은 FPCB용 소재 63.78%, 디스플레이용 OLED 소재 23.22%, 반도체PKG용 소재 13% 등으로 구성되어 있다.

이녹스첨단소재는 매출의 40%가량을 OLED 소재에서 창출한다. 2020년 4분기 영업이익은 전년 대비 5.4% 증가에 그쳤지만 2021년 1분기에는 대형 OLED 수주가 정상화되면서 영업이익이 폭증했다. 2022년 1분기 연결 기준 영업이익이 310억원을 기록해 2021년 동기 대비 127.42% 증가했다. 같은 기간 매출액과 순이익은 1310억원, 260억원으로 각각 36.4%, 134.02% 늘었다.[94]

이녹스첨단소재의 2023년 4분기 매출액은 835억원, 영업이익은 20억원을 기록했다. 이는 2023년 3분기 매출액 대비 18.1% 감소한 수치다. 매출액과 영업이익이 감소한 이유는 일회성 비용에 따른 영향으로 이를 제외한 경우 이전 전망 대비 높은 규모다.

연말 재고 조정 이후 물량 회복 기대로 이녹스첨단소재의 2024년 1분기 매출액은 지난해 4분기 대비 15% 증가한 960억원으로 예상한다며 전 사업부 매출액이 전 분기 대비 증가할 전망이라고 내다봤다.

이어 2024년 1분기 영업이익은 137억원으로 전 분기 대비, 전년 동기 대비 큰 폭으로 개선될 전망으로, 이는 특히 Smartflex와 INNOLED 성장이 클 것으로 보이기 때문이라며 가동률 상승에 따른 영향과 제품 믹스가 전 분기 대비 개선될 것으로 기대된다고 설명했다.[95]

94) 이녹스첨단소재,1분기 호실적속 주가 살펴보니.../내외경제TV
95) IBK證 "이녹스첨단소재, 올해 물량 회복 기대…전 사업부 매출 증가 전망". 조선비즈. 2024.02.19

나. 해외

1) 사이노라

그림 78 사이노라

사이노라는 OLED용 TADF(열활성화지연형광) 물질 분야의 선두기업이다. 회사는 현재 고효율 OLED 발광 시스템에 중점을 두고 있다. 사이노라는 110여명의 TADF 전문인들로 구성된 다분야 통합 팀을 통해 150개의 특허를 보유하는 견실한 IP(지적재산) 포트폴리오를 개발했으며 향후 2~3년 이내에 특허와 애플리케이션이 1000개에 다다를 것으로 예상하고 있다. 사이노라는 재료 및 장치 개발 분야에서 고객사와 긴밀히 협력하고 있다.

사이노라는 업계 최고의 청색 고효율 이미터(emitter)상용화를 완료하기 위해 주요 디스플레이 제조업체들과 협력하고 있다. 이미터는 OLED 패널의 전력 소모를 줄이고 해상도를 높이는 데 필요한 물질이다.

고효율 청색 OLED 이미터는 전력 소모 감소 및 디스플레이 패널 제조업체들의 요청이 빗발쳤음에도 불구하고 어떤 재료 공급업체라도 이러한 이미터를 생산해내지 못했다. 고유의 TADF 기술을 보유한 사이노라는 그동안 고효율 청색 이미터에 중점을 두고 개발을 진행해왔으며 엄청난 진전을 이뤄냈다.[96]

---

96) <사이노라와 LG디스플레이, 협업 확대 결정>, 뉴스와이어(2018.10.08)

2) BOE

그림 79 BOE 로고

중국을 대표하는 IT기업 BOE는 1993년 4월 설립됐으며 전신은 국유기업인 베이징 진공관공장이다. 2001년 현재의 기업명인 징동팡과기(京東方科技, BOE)그룹으로 명칭을 바꿨으며 하이닉스의 STN-LCD사업을 인수했다. 2003년에는 하이닉스의 TFT-LCD사업 부문인 하이디스도 인수했다.

BOE는 설립 초기 자금난을 겪으면서 임직원들이 자금을 출자하기도 했지만, 일본·대만 기업과의 협력을 통해 디스플레이 사업을 키워갔다. 그러다 하이디스 인수를 계기로 BOE는 적극적인 투자를 진행했고 결국 중국 LCD 업계의 선두주자로 성장했다. BOE는 6세대 플렉시블 OLED 라인이 양산에 진입하면서 글로벌시장에서 삼성디스플레이·LG디스플레이에 이어 세 번째로, 중국에서는 첫 번째로 플렉시블 OLED를 양산하는 기업이 됐다.

LCD 부문에서는 이미 BOE가 점유율 1위 기업으로 성장했다. 글로벌 시장조사업체 IHS마킷에 따르면, 9인치 이상 대형 디스플레이 패널시장에서 BOE는 2017년 3분기 출하량 기준 21.7%의 점유율로 1위를 기록했다. 2009년 4분기 이후 31분기 동안 출하량에서 선두자리를 지킨 LG디스플레이는 19.3%의 점유율로 2위를 기록했다. BOE는 생각보다 빠르게 OLED에서 추격하기 시작했다. 가격 경쟁력은 BOE가 삼성·LG보다 우위다.

BOE는 또한 중국 기업 중 투자금액이 가장 큰 기업이다. 총 투자금액이 3000억 위안(약 50조원)을 넘으며 12개의 생산라인을 가지고 있다. BOE는 지금까지 막대한 자금을 투입했지만 삼성디스플레이·LG디스플레이처럼 대규모로 수익을 창출하진 못했다. 그런데도 투자를 지속할 수 있었던 것은 중국 정부의 전폭적인 지원 때문이다.[97]

97) <중국 디스플레이 강자 BOE의 맹추격>

그림 80 중국정부 디스플레이 산업지원 현황

이러한 이유로 현재 LCD에 이어 OLED에서도 삼성디스플레이와 LG디스플레이를 추격하고 있다. BOE는 2021년 애플의 리퍼비시(교체용) 패널 공급사로 이름을 올린 후 2021년 하반기 출시된 아이폰 13 시리즈 중 일반 모델에 대해 올해 생산 제품에 대해 직접 물량을 공급하기로 했다. 2022년 하반기에 출시될 아이폰14 시리즈에서도 일반 모델 패널을 공급하는 계약을 하며 글로벌 경쟁력을 더욱 키워가고 있다.

BOE는 '디스플레이 위크 2022'에서 세계 최대 크기인 95인치 8K OLED 패널을 처음 내놨다. 다만 이 제품은 휘도(밝기)가 최대 800니트로인 LG제품의 절반에도 미치치 못했다. 아직 LG디스플레이 제품과 품질 차이가 크지만 시제품 생산까지 도달했다는 것만으로도 의미를 부여할 수 있다.

3) JOLED

그림 81 JOLED 로고

JOLED는 소니, 재팬디스플레이, 파나소닉 등 일본 기업과 민관펀드 '산업혁신기구'

의 지원을 받아 2015년 설립된 OLED를 개발하는 회사다. 지분구조는 INCJ가 75%, 저팬디스플레이 15%, 소니 5%, 파나소닉 5%를 각각 나눠 갖는다. 소니, 파나소닉이 보유한 OLED 핵심기술을 합쳐 스마트폰, 태블릿 PC, 노트북 PC에 활용하고 플렉시블 OLED패널 양산에도 힘쓰고 있다.[98]

향후 JOLED는 덴소와 자동차용 OLED 디스플레이 개발에 협력한다. 종합 무역회사인 도요타 통상과는 영업 및 판매 차원에서 협력할 예정이다. 스미모토 케미컬은 종합 화학 제품 생산 업체로 OLED 재료 개발 및 공급에 있어서 이미 JOLED와 협력관계를 맺고 있다. 스크린파인테크솔루션은 인쇄 장비와 관련한 제조, 판매, 서비스 등을 지원한다.

2021년 일본 JOLED가 LG전자 최신형 모니터에 OLED 패널을 공급한다. 한국이 주도하는 대형, 소형 시장을 피해 중형 시장에서 OLED 경쟁력을 확보하는데 주력하는 모양새다.

그림 82 JOLED의 노미 공장

지난 2020년 중순 일본의 JOLED가 삼성디스플레이를 상대로 먼저 제기한 특허 분쟁이 1년여 만인 2021년 5월 말에 합의를 통해 양사가 얽힌 모든 '특허침해(Patent infringement)' 소송을 취하하기로 결정한 것으로 알려졌다. 다만 구체적인 소송 취하 배경에 대해서는 양사간 합의에 따라 공개되지 않고 있다.

---

98) <日 JOLED 설립, 시장확대촉매제 된다.>, 아시아경제(2014.08.03)

일각에선 JOLED가 중국 기업 CSOT로부터 2000억원 이상의 투자를 유치한 직후 소송이 공식화된 점을 두고 우리나라 올레드 산업을 겨냥해 일본과 중국이 합심한 게 아니냐는 관측이 나오기도 했다.99)

4) 유니버셜 디스플레이

그림 83 유니버셜 디스플레이 로고

유니버셜 디스플레이(이하 UDC)는 OLED에 독보적인 기술을 보유하고 있는 글로벌 1위 OLED 소재 기업으로 미국에 상장되어 있다. 현재 OLED 핵심 원천 특허 대부분을 보유한 세계에서 파급력이 가장 큰 회사이다. 1994년에 설립되었으며 시총 70억$(한화 약 8조원)규모이며, 현재 전 세계적으로 4200건 이상의 특허에 대한 독점권을 소유하고 있다. 또한 스마트폰 시장에서 디스플레이 중심을 LCD에서 OLED로 이동시킨 바 있고, TV시장에서 또한 OLED영역을 확대시키는데 앞장서고 있다.

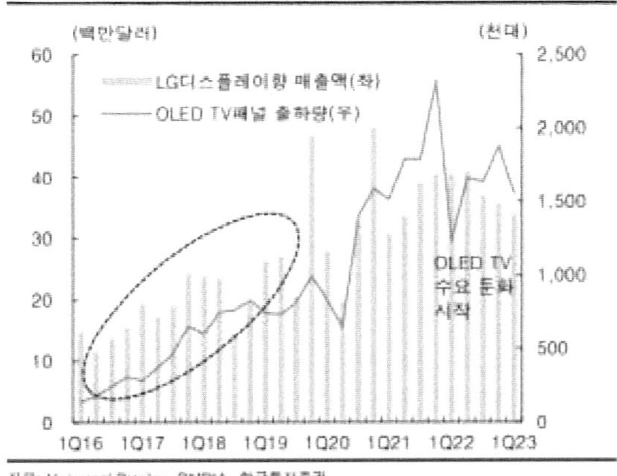

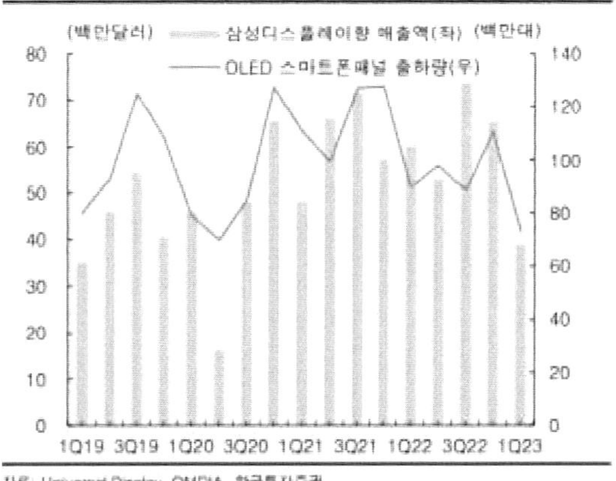

그림 84 UDE의 LG디스플레이향, 삼성디스플레이향 매출액

99) [단독]韓日 '올레드' 특허분쟁 종결…삼성·JOLED '합의'/뉴스1

매출 비중은 로열티 43%, 소재 54% 정도이며 고객사는 삼성디스플레이 51%, LG디스플레이 26%, BOE 15% 등 글로벌 OLED 주요 공급사들이다.

UDC LG디스플레이와 2021년 계약을 갱신하여 2025년까지 장기 계약을 맺었으며, 삼성디스플레이와 2018년 계약을 갱신하여 2022년 말까지 라이선스를 계약이 되어있다. 이번 계약은 2017년 말 종료된 양사 간 라이선스 계약을 새로 갱신한 것으로 UDC와 삼성은 2011년 8월 첫 계약을 맺었다. UDC 특허를 삼성디스플레이가 사용하고 이에 대한 로열티를 지급하는 내용이다. 구체적 계약 조건은 외부 공개되지 않지만 삼성디스플레이가 지불하는 로열티 금액이 적지 않았다. UDC 사업보고서에 따르면 삼성디스플레이는 2015년 6000만달러(약 637억원), 2016년에는 7500만 달러(약 797억 원)를 냈다.[100]

100) <삼성디스플레이, UDC와 OLED 로열티 재계약>, 전자신문(2018.02.21)

07. 결론

7. 결론

지금까지 OLED 패널 시장의 변화추세와 향후 전망에 대해 살펴보았다. OLED 패널은 보다 부가가치가 높은 플렉시블 OLED 중심으로 성장하고 있으며, TV용보다는 모바일용 중심으로 성장하고 있다. TV용 패널도 수요증가와 제품단위당 디스플레이 면적이 확대되면서 패널 생산 능력이 크게 확대될 전망이다.

그러나 현재 국내 디스플레이 산업은 성숙기를 넘어섰기 때문에 내리막길에 접어들 것이다. 중국의 디스플레이 기업들이 막대한 자본금으로 대규모 투자를 이어가면서 LCD 패널 판매단가가 급격하게 하락하며 실적에도 영향을 미쳐 패널 제조사들은 적자위기에 처해있다. 국내 업체는 자체 계열사 중심의 공급이 큰 비중을 차지하고 있어 고객 다변화가 무엇보다 시급한 실정이다.

이에 국내 디스플레이 제조사들은 'OLED 패널 개발'에 집중한다는 계획이다. 이미 폭락한 LCD시장에서 발을 빼는 동시에 OLED 사업 전환에 박차를 가할 예정이다. 업계에 따르면 현재 한국과 중국의 OLED 기술 격차는 3년 이상이다.

LCD 산업의 주도권은 중국 정부 디스플레이 산업 지원 정책의 힘에 의해 한국에서 중국 업체들로 완전히 넘어갔다. 중국 업체들은 강해진 LCD TV 패널 가격 협상력을 바탕으로 지난 수년간의 적자를 보상하기 위해 패널 가격을 계속 인상할 가능성이 높다.

그런데 삼성디스플레이가 LCD 사업을 2022년 6월부로 종료한다. 제조사들의 요청으로 2022년 연말까지 연장하기로 한 상태였다. 하지만 '포스트코로나' 시대를 맞아 LCD 부문의 수익성이 더 빠르게 악화하자 조기 철수하기로 결정한 것이다.

삼성디스플레이는 향후 중소형 OLED와 QD)-OLED 디스플레이에 집중할 예정이다. 2021년 삼성디스플레이의 전체 매출에서 LCD가 차지하는 비중은 5% 이하로 추정되는 만큼 LCD 사업 철수가 회사의 실적이나 수익에 미치는 영향은 그리 크지 않을 것으로 예상된다.

삼성디스플레이는 전 세계 시장의 70% 이상을 차지하는 중소형 OLED 부문에서 시장 지배력을 더욱 굳건히 할 계획이다. TV용 OLED 패널 부문에서는 후발주자로서 수율(결함이 없는 합격품의 비율) 확보와 공정 안정화에 주력하고 있다.

LG디스플레이는 LCD 사업을 당분간은 지속할 전망이다. 대형 OLED 패널 시장의 절대 강자로 알려져 있지만 LCD 부문의 매출도 여전히 높은 편이다. 2021년 LG디스플레이의 매출에서 OLED 부문은 43.4%였고, LCD는 56.6%였다.
했다

LG디스플레이는 중국에 기술 격차를 유지하고 있는 IT용 LCD 패널에 주력하는 한편, 중소형 OLED 부문에서도 경쟁사인 삼성디스플레이 추격에 박차를 가할 계획이다. LG디스플레이는 2024년 가동을 목표로 경기도 파주 사업장에 3조 3천억 원을 들여 6세대 중소형 OLED 생산라인을 구축하고 있다.

업계 관계자는 "LCD 분야에서 중국에 주도권을 내주기는 했지만 전체 디스플레이 산업 관점에서는 국내 업체들이 OLED 시장을 선점하며 여전히 '초격차'를 보이고 있다"며 "차세대 디스플레이 시장에서 중국의 추격을 뿌리칠 수 있는 지속적인 기술 개발과 공정 개선 노력이 요구된다"고 말했다.[101]

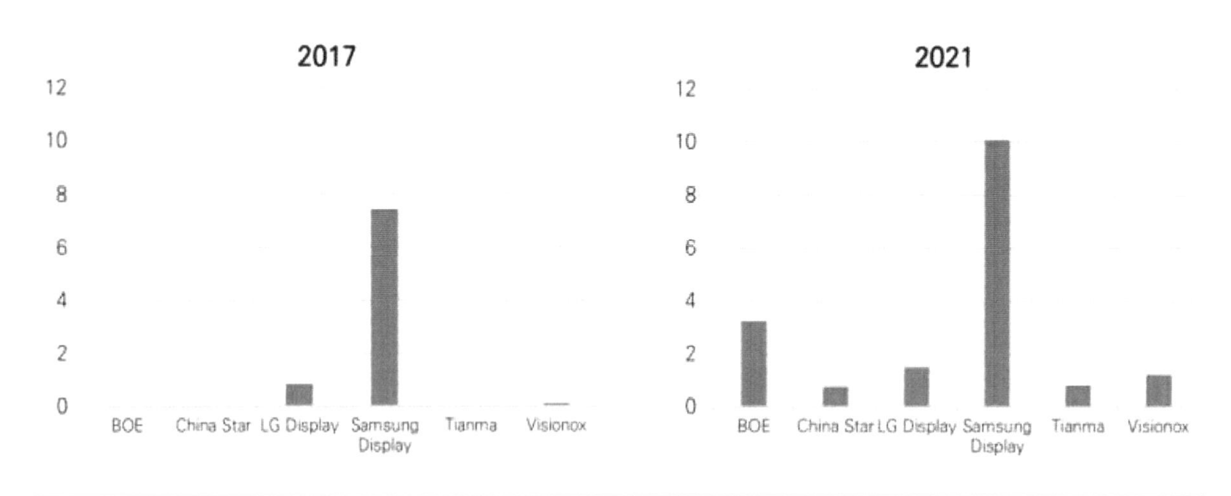

자료: OMDIA

그림 85 6세대 이하 OLED CAPA

101) 삼성, 31년 만에 LCD 사업 철수…LG는 당분간 유지, 왜?/노컷뉴스

중국이 LCD 시장에 이어 OLED 시장까지 뛰어들었다. 국내 업체들의 OLED 시장 CAPA 점유율은 떨어지고, 중국 업체들은 점유율을 확대하고 있다. OMDIA에 따르면 2021년 연간 기준 BOE의 6세대 이하 OLED CAPA 점유율은 LG디스플레이를 월등히 넘어며, 삼성디스플레이 다음으로 2위를 차지하고 있다.

중국 업체들의 OLED 시장 급성장 배경엔 과거와 마찬가지로 정부의 대대적 지원이 있다. 국내 업체와 중국 업체의 매출원가율 차이가 10%포인트 이상이라는 점을 보면 법인세 인하 등 중국 정부의 지원 규모를 가늠해 볼 수 있다.[102)]

앞으로 디스플레이 시장이 OLED 중심으로 성장할 것이다. 하지만 국내 업체들이 OLED 시장 주도권을 계속 유지할수 있을지는 장담할수 없다. 국내의 OLED기술이 더욱 앞서기 위해서 필요한 것은 결국 '정부의 역할'이다. 중국 정부는 현재 막대한 지원을 통해 디스플레이 산업을 키우고 있는 중이다. 따라서 한국 정부도 OLED 기술개발을 위한 아낌없는 지원을 보태야 국내 디스플레이 산업이 앞질러 성장할 수 있게 되는 것이다.

---

102) [넘버스]삼성D 'LCD 사업 철수'로 돌아본 韓디스플레이 위기/블로터

08. 참고 자료

8. 참고 자료

1) OLED의 현황과 전망, Polymer Science and Technology Vol. 24, No. 2/조남성
2) SACA
3) 연색 : 광원이 물체에 빛을 비출 때 대상 물체가 얼마나 원래의 색을 잘 표현하는가를 의미한다.
4) OLED 조명 기술 현황 및 전망/순천향대학교,문대규
5) TFT : 박막트랜지스터, Thin Film Transistor,기판 위에 진공증착 등의 방법으로 형성된 박막을 이용하여 만들어진 트랜지스터. 반도체와 절연체, 그리고 금속의 박막을 차례로 증착하여 만든다.
6) 자료 : OLED 구조 및 구동 원리, 2006년 2월 FPD 전문가 양성 세미나용, LG전자, 김 광 영
7) aging : 양질의 패널 가각에 역 전압을 인가하여 막 안정성 및 막 효율을 향상시킨다.
8) O/S검사 : Cell 전체화면을 각각 발광 시켜 소자내의 결합 여부를 판정한다.
9) Probe Test : 각 패널패드에 신호를 입역하여 불량을 점검한다.
10) TAB : 패널부위에 접착되어 있는 ACF상에 COF를 패널패드에 정렬시켜 열 압착을 한다.
11) 최종검사 : 패널과 모듈의 연결 상태와 일정신호를 입력하여 패턴 검사를 한다.
12) Seal/Tape부착 : 제품의 신뢰성 향상을 위해 TAB된 부위에 Seal 제 도포 후 Tape를 부착한다.
13) LG디스플레이 블로그 디스퀘어
14) <국내 연구팀, 피부에 부착하는 OLED로 상처치유 기술개발>, 헬스조선 (2018.03.18.)
15) LG디스플레이, OLED 응용처 확대…'조명부터 자동차까지'/디지털데일리
16) 'OLED 조명'이라고 들어는 보셨나요?/ZD Net Korea
17) 전방연쇄효과(forward linkage effect): 한 산업부문의 생산증가가 다른 산업부문에 중간재로 쓰여 그 산업의 생산을 증대시키는 영향의 정도를 의미.
18) OLED 조명 보고서(KU-DlaNA 작성)
19) 혁신공정으로 OLED조명 대중화 앞장/한국일보
20) 5G스마트폰 성장에 OLED `잭팟` /디지털타임스, 박정일
21) 대형 OLED로 글로벌 시장 주도하는 LG/조선비즈

22) LGD, TV 패널 점유율 순위 1년만에 2위에서 6위로/시사저널e,윤시지
23) 출현 임박 '플렉시블 OLED', 삶을 바꾼다/헤럴드경제
24) 자료 : 파이낸셜뉴스, 플렉시블 OLED패널 시대 임박, 2015.
25) 플렉시블 OLED 올해 예상 시장은 183억 달러로 성장/OLEDNET
26) 폴더블 디스플레이 특허 출원 증가세!/더코리아뉴스
27) 세계 OLED TV 출하량 2000만대 넘었다/매일경제
28) 삼성, 안깨지는 플렉시블OLED 개발..."응용분야 무궁무진"/위클리 오늘
29) 삼성디스플레이, 중소형 OLED 올인… 4兆 시설투자 나선다/조선비즈
30) '폴더블 폰의 진화는 계속된다' 삼성 갤럭시 Z 폴드3·플립3 공개/아이티월드
31) 전장사업 숨은 보석된 '삼성SDI'/한국경제TV
32) 삼성디스플레이미래성장 동력 '차량용 OLED' 대거 전시/파이낸셜뉴스
33) 삼성·LG, '제2 반도체'로 떠오른 OLED 주도권 경쟁 치열/조선비즈
34) LG디스플레이, 'SID 2022'서 OLED 기술 혁신의 미래 선봬/아시아경제
35) 車OLED 없어서 못팔아"…삼성·LG 신바람 났다/매일경제
36) OLED 벤츠 vs LCD 현대차… `디스플레이 대전` 불 붙는다/디지털타임스
37) LG디스플레이 차량용 OLED 패널 탑승자를 위한 '최고의 화질' 인정 받아/LG디스플레이
38) 삼성·LG, '제2 반도체'로 떠오른 OLED 주도권 경쟁 치열/조선비즈
39) '뚝심'으로 위기 넘긴 LG디스플레이, 대형 OLED 최강자로 '우뚝'/CEO스코어데일리
40) LG디플, '아이폰14' 패널 공급해 중소형 OLED 존재감 키운다/매일경제
41) DMS, OLED 전환 및 중형 풍력발전기 사업 수혜-KB/이데일리
42) 위지트, OLED Mask 전문 제조업체 지분 취득, 신규 사업 진출/뉴스타운경제
43) ㈜핌스, 2021년 매출 500억원 달성/매일경제
44) 핌스, 오픈메탈 마스크 생산 전용 인천 남동공단 공장 준공식 개최/서울경제
45) "한국 잡아라"…OLED 시장서 추격 나선 일본 /뉴스핌
46) JOLED, LG전자에 모니터용 OLED패널 공급/ 전자신문
47) OLED 앞세운 일본TV, 화려한 부활 노린다/디지털타임스
48) 소니TV의 몰락…북미 점유율 1% '충격'/매일경제
49) 호평 쏟아지는 소니 QD-OLED TV… 출시 불투명한 삼성/조선비즈
50) 스미토모화학 한국에 공장 신설…일본 기업들 잇따른 한국 투자/아주경제
51) 日 신소재 업체들, 플렉서블 OLED 사냥 나선다/이투데이
52) LCD 삼킨 中 디스플레이, 이제 OLED로/아이24뉴스

53) OLED 점유율 1위 韓 추격하는 中…“핵심 인재 유출 막아라”/조선비즈
54) "애플 공급 늘리자"… LGD·BOE 불붙은 경쟁/디지털타임스
55) 中 대형 OLED 진격…“韓 따라잡는 것 시간문제”/전자신문
56) 중국 OLED, 삼성 추격...비저녹스·BOE, 중소형 OLED 양산 착수/뉴스핌
57) "아이폰 디스플레이 중국으로 가나"…중소형 OLED 지형 '기우뚱'/매일경제
58) Visionox(비전옥스) `SID 2021`에서 혁신적인 OLED 제품 공개/디지털타임즈
59) CSOT, 8.6세대 LCD 옥사이드 라인 1단계 장비 발주/디일렉
60) "삼성전자, BOE·CSOT서 스마트폰 OLED 650만대 조달 계획"/디일렉
61) 애플의 '탈삼성화'?…대만 업체와 OLED 연구개발 나서/연합뉴스
62) 디스플레이 신흥강자 '폭스콘', 출하량 삼성과 BOE 바짝 추격/CCTV뉴스
63) 샤프, 소니 등 日 스마트폰 '카메라 강화' 승부수 통할까/동아닷컴
64) 필립스, 크기 세 종류 OLED TV 선보여/지디넷코리아
65) 사이노라, OLED 기기 효율성 높이는 형광 청색 이미터 공개/테크월드
66) CYNORA, 업계 최초 차세대 OLED 디스플레이 용 TADF 딥그린 이미터 디바이스 테스트 키트 출시 발표/CCTV뉴스
67) 삼성SDI, 1분기 영업익 3223억원…분기 매출 4조 첫 돌파/포쓰저널
68) [단독] 삼성디스플레이, 모니터용 LCD 철수…“하반기 생산 완전 중단”/조선비즈
69) 삼성SDI 북미투자 시동…인디애나주에 3조 쏟는다/비즈니스워치
70) LG디스플레이, 1분기 영업익 전년比 92.67% 급감…TV 출하 감소, LCD 가격 하락 영향(종합)/조선비즈
71) 제조업체인데 이익률 30% 주성엔지니어링…시총 1조 돌파/매일경제
72) 자료 : 동부증권, OLED 두 번째 봄은 시작되었다, 2017
73) 자료 : 동부증권, OLED 두 번째 봄은 시작되었다. 2017.
74) 비아트론, 디스플레이 열처리 기술 보유...신기술 개발 추진-NICE평가정보 /파인낸셜뉴스
75) 비아트론, 日독점 레이저본딩 장비 대체...다국적기업과 시제품 생산 본격화/파인낸션뉴스
76) 자료 : 동부증권, OLED 두 번째 봄은 시작되었다, 2017.
77) AP시스템, 매출 감소에도 사상 최대 영업이익…효자는 ‘반도체 장비’/시사저널e
78) SFA, “이차전지 글로벌 풀 턴키 수주 위한 사업 기반 마련”/인더스트리뉴스
79) SFA, 1분기 실적 두자릿수 성장세…이차전지서 사업다각화 결실/조선비즈
80) 와이즈에프엔
81) 덕산네오룩스, 증권사 목표가 상향에 강세…3.34%/매일경제

82) 덕산네오룩스, OLED 소재공장 증설에 258억 투자/전자신문
83) 와이즈에프엔
84) 원익IPS, 내달 평택 신공장 완공...생산량 2배 확대/전자신문
85) 품난에 직격탄…원익IPS 1분기 매출 2087억, 전년비 18% 감소/조선비즈
86) 네이버 지식백과
87) 이오테크닉스, 日 디스코 맹추격/더벨
88)이오테크닉스 부진한 흐름 끝, 본격적인 성장 전망한 리포트/머니투데이
89) 이녹스첨단소재,1분기 호실적속 주가 살펴보니.../내외경제TV
90) <사이노라와 LG디스플레이, 협업 확대 결정>, 뉴스와이어(2018.10.08)
91) <중국 디스플레이 강자 BOE의 맹추격>
92) <日 JOLED 설립, 시장확대촉매제 된다.>, 아시아경제(2014.08.03)
93) [단독]韓日 '올레드' 특허분쟁 종결…삼성·JOLED '합의'/뉴스1
94) <삼성디스플레이, UDC와 OLED 로열티 재계약>, 전자신문(2018.02.21)
95) 삼성, 31년 만에 LCD 사업 철수…LG는 당분간 유지, 왜?/노컷뉴스
96) [넘버스]삼성D 'LCD 사업 철수'로 돌아본 韓디스플레이 위기/블로터

초판 1쇄 인쇄 2018년 11월 19일
초판 1쇄 발행 2018년 11월 26일
개정판 발행 2021년 3월 15일
개정1판 발행 2022년 6월 27일
개정2판 발행 2024년 6월 10일

편저 비피기술거래 비피제이기술거래
펴낸곳 비티타임즈
발행자번호 959406
주소 전북 전주시 서신동 780-2 3층
대표전화 063 277 3557
팩스 063 277 3558
이메일 bpj3558@naver.com
ISBN 979-11-6345-566-0(93550)

이 도서의 국립중앙도서관 출판예정도서목록(CIP)은 서지정보유통지원시스템홈페이지 (http://seoji.nl.go.kr)와국가자료공동목록시스템 (http://www.nl.go.kr/kolisnet)에서 이용하실 수 있습니다.